동북아 사유와 건축이론

글 임기택

PART II 유교철학과 연계된 건축담론

유교 건축의 유형과 특성

유교사상과 연계된 건축담론

건축에 있어서 유교 중심의 불교 인식론 재해석

건축에 있어서 유교 중심의 도교 세계관 재해석

동시대 건축에서 유교적 특성의 적용 가능성

3

세 번째 주제

/

마음의 도덕정치철학과 한국건축의 복합성

주요철학자 소개

공자 (孔子, B.C. 551~B.C. 479)

'세계 4대 성인' 중 한 명으로, 춘추시대에 '시경', '춘추' 등을 지은 유학의 시조가 되는 학자. 동북아에서 '만세(萬世)의 사표(師表)'로서 학문적 기틀을 정립하고 연구하고 제자를 길러내는 학문적 시스템과 특유의 정치 윤리학을 정립했다. 이상적인 인간상으로, '인(仁)'의 개념이 충만한 군자(君子)의 개념을 만들었으며 통치자의 바람직한 자세와 태도를 연구했다. 사후 제자들이 스승의 가르침을 모아 '논어'를 펴내고 유교를 설립했다. 유교 사상은 사람을 사랑하는 어진 마음, 즉 '인(仁)'을 최고의 덕으로 생각했으며 인의예지(仁義禮智)의 사덕(四德)을 중시했다. 정치적 이상을 실현시킬 수 있는 군주를 찾아 제자들과 함께 전국을 유세하며 학문의 참된 방향에 대해서 궁구했다. 정명론(正名論)을 통해 직함에 적합하게 각자의 역할에 충실하여 원활하게 운행되는 유교 사회(대동사회)를 꿈꾸었다. 동북아의 유교적 가치관과 통치 이데올로기 체계를 수립하는데 시조의 역할을 했으며 유교적 정치, 사회의 토대를 세웠다는 점에서 중요한 인물이다.

맹자 (孟子, BC 372?~BC 289?)

중국 전국시대의 제자백가(諸子百家)중 주요 학자. 유교 사상가. 공자의 유교 사상에 깊은 영향을 받았으며 공자의 학문에서 더 나아가 실질적인 주자학(성리학)의 발전과 실행 방법론에 있어서 지대한 영향을 끼쳤다. 이상적인 인간상은 호연지기(浩然之氣)가 충만하여 '의(義)'가 넘치는 대장부(大丈夫)이다. 기와 의가 결합되는 마음(불교의 인식론의 영향)을 중시하는 방식은 유, 불, 도의 융합(주자학)을 예견하는 지점이다. 공자와 마찬가지로 자신의 정치적 유교관을 바탕으로 군주에게 쓰이기를 원했으나 군주가 잘못 통치하면 역성혁명(逆成革命)도 가능하다는 논리를 펴는 그를 받아줄 군주는 찾을 수 없었다. 인간의 본성이 본래 선하다는 성선설을 주장했으며 그에 따라 사단(四端)이 중요하다고 역설했다. 모든 사람은 사단의 개념이 있으며 신체의 두 팔과 다리를 지니고 있는 것과 같기 때문에 사단을 실천하지 못함은 자신의 신체를 해치는 것과 같다고 했다. 사단은 인간의 내면으로부터 우러나오는 마음으로, 시비지심(是非之心), 측은지심(惻隱之心), 수오지심(羞惡之心), 사양지심(辭讓之心) 등이 있다. 이러한 인간 본성의 '마음'을 중시하는 경향은 이후 주자의 성리학에 있어서 결정적으로 중요한 과제가 되었고 도교(음양가)의 우주관과 연결하여 마음의 수양과 사회 질서 및 우주 운행과 질서를 연결함으로써 동북아 사상에 있어서 계속해서 언급되고 인용되며 발전되었다. 건축 부문에 있어서 그의 마음을 중시하는 자세, 마음으로부터 전체를 통합하는 자세는 동북아 유교 건축문화에도 매우 중요한 역할을 하게 된다.

묵자 (墨子, BC 479년경 ~ BC 381년경)

제자백가 중 묵가의 시조로 전국시대 초기에 활약한 사상가. 혹은 그 사상 집단. 이름은 적(翟). 혹 묵(墨)이라는 한자 단어에서 알 수 있듯이 햇빛에 그을려 검게 변한 피부의 노동자 혹은 노동자계급을 대표하는 사상가이다. 정치사상은 '천하(天下)에 이로움(利)을 북돋우고(興), 천하의 해가 되는 것(害)을 없애는(除)' 것을 정치원칙으로 정했다. 타인을 사랑하고 자신과 타인의 이익이 함께 상승할 수 있도록 하는 보편적인 사랑인 '겸애'(兼愛)를 주장했다. 이를 실천하기 위해 타인을 공격하지 않는 '비공(非攻)'을 실천 강령으로 설정했다. 그러나 역설적으로 그들은 그 강령으로 인해 멸망했다. 그들은 한나라가 다른 나라를 무력으로 침공하려 했을 때 평화를 깨는 것을 반대했으므로 침공을 받는 나라를 위해 싸워주는 역할을 하다가 소멸되었다. 자연스럽게 그들은 축성술 혹은 철기(무기) 기술자, 그리고 전쟁 기술자들이기도 했다. 공자의 사상이 귀족들 간의 매너 혹은 윤리학, 또는 정치철학이라고 한다면, 그의 사상은 노동자 계급과 하층민을 두루 포용하는 보편적 윤리를 설파하고 철저하게 평등과 겸애사상을 '실천' 했다는 점에서 중요한 사상가이다.

순자 (荀子, BC 298?~BC 238?)

서양 철학의 아리스토텔레스에 비교되는 철학자로 성악설에 근거하여 예치주의(禮治主義)를 주장한 유학자이다. 제자 한비자(韓非子)의 사상적 기초를 제공했다. 공자의 유학으로부터 발원하지만, 이것을 비판적으로 계승하면서 집대성했다. 왕도(王道)를 중시했으며 예의로 질서를 잡아가는 예치국가(禮治國家)를 강조하는 관념적인 철학이 아니라 냉혹하고 철저한 법치를 통해 관념적 이론의 대안이 될 수 있는 실질적이고 실천적인 철학을 제시했다. 인류의 질서와 공동선을 실현할 수 있도록 실질적 대안을 제시하고자 했다. 성악설의 요지는 인위(人爲)적 예의를 강조하는 것이다. 핵심은 정부의 인위적 개입을 중시하고 적절하게 통제하여 조절함에 있다. 질서와 통일을 위해 국가권력의 인위적인 개입이 우선해야 한다고 보았다. 사회성과 질서를 중시했던 성왕(聖王)을 도덕적 목표로 하기에 군주의 지위는 존중되어야 하고 군주 역시 그에 맞는 행동을 해야 한다고 주장한다. 인간의 본성과 본능, 욕망, 이기심으로부터 나오는 악한 특성을 인위적인 법률로써 통제하여 질서가 체계화된 사회를 꿈꾸었다. 그것은 당시의 혼란스러운 정치적 특성에서 기인한 것이었다.

한비자 (韓非, BC 280? ~ BC 233)

중국 전국시대 말기의 정치사상가. 저서에 『한비자(韓非子)』가 있다. 성악설(性惡說)을 주창한 순자(荀子)의 제자로서 법가(法家)의 사상을 집대성했다. 강력한 국가를 건설하기 위해서는 강력한 법제도가 운영되어야 함을 역설했다. 절대 군주가 다스려야 소요와 무질서가 해결될 수 있다는 힘의 논리에 의한 실제적 통치를 주장했다. 이러한 점에서 그의 사상은 서양의 마키아벨리에 비유되곤 한다. 약육강식의 세계에서는 수단과 방법을 가리지 말고 주도권을 잡고 질서를 수립해야 한다는 것이다. 그런 점에서 한비자는 유가와 묵가의 주장들이 비현실적이고 몽상적이라고 비판한다. 법제도는 누구에게나 공평하게 공리성(公理性)에 입각하여 적용되어야 한다고 주장했다. 감정을 배제하고 최대한 실질적으로 지배구조를 확립해야 한다는 것이다. 군주의 지배구조를 인정했지만, 군주의 독단적인 1인 통치를 방지하기 위해 관료제(官僚制)를 주장했다. 힘의 질서를 실현시키기 위한 현실적인 방법론 이후에는 부패하지 않도록 권력을 배분하여 견제와 균형을 이루도록 장치를 만든 것이다. 권력이 집중되지 않고 분산되는 관료제는 법가사상의 이상적인 구현으로 보았다. 순자에 이어 이상적인 논변이 아닌 현실정치에 실용적으로 적용하여 통치할 수 있는 학문으로서 의의가 있다.

주자 (朱子, 1130~1200)

중국 송 대의 유학자. 주자학(성리학)을 집대성하였다. 고대 유학에 도교적 세계관(음양가의 음양오행, 주역 등)을 접목하고, 불교의 세련된 마음에 관한 인식론을 두루 공부하고 유, 불, 도를 통합한 종합적인 철학 체계를 수립하여 주자학(신유학)을 집대성했다. 맹자의 사단(四端) 사상을 기본으로 하여 동중서와 주돈이의 태극도설, 장재의 우주론 등에 영향을 받은 세계관과 유, 불, 도 삼교를 통합시켜 자신의 이론을 정립했다. 이후 주자학은 강력한 유교 통치 이데올로기를 형성하여 중국뿐만 아니라 조선 및 일본에 큰 영향을 끼쳤다. 특히 주자학은 조선에서 성리학으로 강력한 유교 이데올로기를 실행하였으며 600년의 왕조국가 통치기간 전반에 걸쳐 지대한 영향을 끼쳤다. 리기론(理氣論)에서 리(理)를 중시하는 성즉리(性卽理)의 주자와는 달리 동시대의 사상가 육구연은 대립적인 기일원론의 심즉리(心卽理) 사상을 펴며 논쟁을 벌이고 후에 양명학과 같은 심학(心學)의 발전에도 영향을 끼쳤다. 우주는 형이상학적인 '리(理)'와 형이하학적인 '기(氣)'로 구성되어 있다고 보았다. 인간은 본래 선한 '리'가 본성으로 이미 존재하고 있으며 본성 속에 이미 존재하는 리를 강화하기 위해 마음을 수양해야 하며 그것이 전체세계에 연결되어 펼쳐지며 도덕적 사회를 통치해나가는 국가를 꿈꾸었다. 그의 사상은 『근사록』에 집약되어 있다. 그의 철학은 인도로부터 전파된 불교의 인식론과 도교적 동양사상이 집약되어 우주적 질서와 윤리, 사회 질서를 개인 내면의 수양과 연결하여 국가의 도덕 질서를 수립하는 유교 중심의 이데올로기로서 중요한 역할을 해왔다. 오늘날에도 유교문화 및 정신세계 혹은 유불도가 혼합된 선비문화로 남아있다. 건축 부문 역시 선비적 가치와 문화가 적용된 한국 전통 건축의 공간구조 및 경관과 디테일을 탐구하여 동시대 건축에 적용하기 위해 노력하는 건축가들이 있는 만큼 매우 중요한 역할을 하는 사상가이다.

육구연 (陸九淵, 1139~1193)

정호와 정이의 학문을 계승하면서 자신의 철학 체계를 확고하게 갖추고 주자(주희)와 대립하여 학계를 양분하는 학문적 세력을 형성했다. 성즉리설(性卽理說)을 중시한 주자학과는 달리 기(氣)가 운행하면서 그 속에 내재하는 리(理)가 자연스럽게 발현되는 기중심의 치지(致知, 사물의 도리를 알아서 깨달음)를 주로 하는 심즉리설(心卽理說)을 주장했다. 세상의 이치가 이미 내 안에 있으므로 내 마음을 잘 알게 되면 세상 이치를 당연히 깨닫게 되고 다른 공부도 필요 없다는 심즉리(心卽理)설을 주장한다. 주자의 격물치지가 형이상학 위주의 학문 중심에서 실천을 겸하는 것임에 반해, 후에 왕양명은 보다 도덕적 실천을 중시하는 심학(心學)을 설립하여 오늘날 주자학을 리학(理學)이라 하고, 양명학을 심학(心學)이라고도 한다. 오늘날 생기의 철학의 계보에 있어서 매우 중요한 인물이다.

이황(李滉, 1501~1570)

조선 중기의 문신이자 유학자로 주자의 사상을 깊게 연구했고 조선 성리학을 심화시키는 토대를 형성했다. 리(理)의 능동성을 강조하는 리기호발설(理氣互發說)을 주장했다. 전통적인 주자학에서 더 나아가 조선의 주리론(主理論) 전통의 영남학파(嶺南學派)의 수장이 되었으며, 기대승과의 사단칠정 논쟁을 주도했다. 체용론에 입각한 우리나라 특유의 유학 논쟁을 통해 동북아 성리학의 발전을 이루었다. 이러한 담론은 건축의 체용론에 적용할 수 있으며 동양적 가치의 기본과 잠재성을 탐구하는데 있어서 중요하다. 리 중심의 체용론이 토대가 되어 리의 대립적인 측면에서 기 중심의 논쟁이 발생했다는 점과 논쟁의 기본을 상징적으로 제시했다는 점에서 한국 사상계에서 중요한 인물이다.

들어가며

'건축의 한국성' 이라는 주제는 사상적 문화적, 세계적 관점으로 다양한 지형을 만들어내고 있기 때문에 포스트모던 사회를 살아가고 있는 우리의 자화상만큼이나 간단치 않은 주제이다. 그럼에도 불구하고, 결국 이 시대 이 땅에 살고 있는 건축인이라면 '한국성, 한국적인 동시대 건축을 어떻게 성취해야 할 것인가' 라는 물음으로 항상 귀결되는 것을 경험하게 될 것이다. 이 책은 오늘을 사는 우리가 어떤 사상적 지형에 위치하는지의 질문과 함께 오늘날의 외적 변수와 동북아 사상적 지형을 연계하여 이에 적합한 동시대 건축을 어떻게 구축할 것인가에 대한 니즈로부터 시작하여, 전반적인 이해를 바탕으로 실천을 위한 사유를 추구한다.

서양철학이 중심이 되는 '현대 철학과 건축이론 시리즈' 를 쓰고 난 이후, 동북아 사유와 건축과의 사상적 관계성에 대해서 연구해보아야겠다는 생각을 하게 되어 이 작업을 시작했고 꽤 오랜 시간이 흘렀다. 연구 과정에서 '건축의 한국성' 과 관련하여 다차원적이고 까다로운 사상적 연결, 건축적 연결작업에서 일정 부분 성취도 있었다. 그러나 필자의 의도와는 별개로 그것은 너무나 방대한 작업이어서 마치 블랙홀에 빠지는 듯한 느낌을 계속해서 경험하게 되었다. 시간이 흐르면서 한국의 위상이 높아지고 문화적으로 다양한 분야에서 훌륭한 업적들이 늘어나면서 건축적 담론과 논의의 업데이트가 계속해서 필요했고 글로벌 시대의 동시대성과 전통의 가치 사이에서 혼란을 경험했다. 이 과제는 어쩔 수 없이 어느정도 욕심을 버리고 현재까지의 수준에서 멈추어야 하는 과제임을 깨닫게 되었다. 부족한 점이 발견된다면 그 자체로 필자의 한계임을 고백할 수밖에 없다. 다만 이 책 이후에도 지속적으로 '건축의 한국성' 에 대한 관심을 가지고 정진하겠다는 약속을 드린다. 이 책이 이 주제와 관련하여 건축인들에게 조그마한 암시가 되고 한국성에 대하여 생각해보는 계기가 된다면 그것 자체로 의미가 있을 것이다.

이 책을 쓰는데 있어서 강신주, 김광현, 김동욱, 김봉렬, 김성우, 김인철, 김정동, 김홍식, 박언곤, 안영배, 안창모, 윤장섭, 이상헌, 이상해, 이정우, 임석재, 전봉희, 함성호 선생 등 뛰어난 선학들의 연구들이 큰 도움이 되었다.(가나다 순) 그분들의 혜안과 노력이 없었더라면 이 작업은 생각해볼 엄두도 낼 수 없었을 것이다. 또한 어려운 시대적 상황과 여건에서 한국성의 동시대적인 건축을 구현하기 위해 노력하셨던 건축가들에게 큰 존경의 마음을 표현하고 싶다.

3권의 화두를 살펴보기로 하자. 한 때, '공자가 죽어야 나라가 산다' 라는 문장이 유행처럼 논의되어 유교적 문화에 대한 비판과 그에 대한 반론으로 관련 내용이 담론화되어 왔을 정도로 동시대를 사는 우리에게 유교문화, 선비문화는 여전히 지대한 영향을 끼치고 있다. 좋든 싫든 유교는 오늘날에도 우리의 삶과 정신구조에 있어서 강력한 영향력을 미치고 있는 상황이다. 우리가 인식하지 못하고 무심결에 행하는 여러 가지 문화적 요소들은 그 자체로 동양적 특성을 넘어서 하나의 한국적 특성으로 자리 잡고 있다. 우리가 흔히 유교라고 받아들이는 것들은 사실 엄밀히 이야기하면 공맹(공자, 맹자) 등 고대 유교의 경전들이다. 그러나 동시대에 영향을 미친 유교는 실제로는 고대 유교와 불교, 도교의 사상 및 문화들이 통합된 주자학(성리학)의 영향을 의미한다. 조선 시대는 강력한 성리학의 이데올로기로 무장한 사대부들이 사회를 주도했었기에 오늘날에도 우리는 그 영향에서 완전히 자유롭지 못한 상황이다. 다른 한편으로 생각하면 성리학 자체가 인도 문명의 사유를 포함한 동북아 문명에서 대중들의 무의식과 의식에 공통분모로 친숙하게 자리잡고 있는 까닭에 그 사유가 여전히 폭넓게 일반사람들의 생활에 적용되고 있는 것으로 생각할 수도 있다. 예의범절과 통치원리로서의 유교적 특성과 연결된 동북아 세계관(우주관)과 마음의 수양을 중시하는 사상은 유교문화와 선비문화 등으로 여전히 우리의 삶에 영향을 끼치고 있다.

우리의 동양 문명권과 동북아 사유체계는 기타 문명권에서 발견하기 힘든 장점이 분명히 존재하며 이것은 사유뿐만 아니라 건축문화에서도 많은 장점이 있다. 서구의 사유와 교육체계에 의해 영향을 받아 동일성의 폐해를 보이는 우리나라의 건축 현실을 생각해보았을 때, 동북아 사유체계를 살피고 우리의 건축적 자양분이 될 수 있는 동북아 사유체계와 건축적 가능성을 살펴보고 창조적으로 통합하는 과제는 무척 중요하다. 문명권이 다른 이유, 풍토가 다른 이유 등으로 인해 동북아인들에게는 인류의 공통적인 구조로는 설명할 수 없는 다른 차원의 정신적, 물질적, 공간적 요소들이 존재한다. 그것은 일정부분 이성적인 것으로는 설명하기 힘든 영역이다. 일부는 그냥 다른 것이다. 다른 것은 다른 것으로 인정하고 다른 것을 존중하는 태도가 필요하다. 다른 사유체계와 관점을 인정하고 이질적인 사유를 주체적으로 사유하여 현대적인 관점에서 새롭게 적용할 때 새로움을 창조하고 역으로 다른 문명권에 영향을 끼치며 의미를 생성할 수 있을 것이다.

그에 따른 화두는 다음과 같다.

-제자백가와 고대 유교의 사상은 후대 유학에 어떠한 영향을 끼쳤는가?

-공맹 사상과 노장사상은 어떠한 차이가 있는가?

-고대 유교의 재해석과 도교의 특성은 어떠한 관계가 있는가?

-중국 주자학의 역사와 마음수양의 정치적 특성은 어떤 방식으로 진화했는가?

-동북아 사유의 내재적 특성은 어디로부터 기원하였으며 건축에는 어떠한 영향을 주었는가?

-동북아 사유의 마음의 문제는 건축 부문에 어떤 영향을 끼쳤는가?

-한국의 성리학적 이데올로기와 한국 사상의 특성이 건축에 끼친 영향은 무엇인가?

-유, 불, 도 통합과 연계된 건축 담론은 무엇이며 동시대 건축에 창조적으로 적용 가능한 측면은 무엇인가?

PART I

고대 유교의 발전과 주자학으로의 종합

동북아에서 유교, 불교, 도교는 계속해서 공존하면서 상호 경쟁과 보완을 통해 발전해왔다. 종교적 특성이 있으면서도 서로를 극단적으로 배척하거나 박해하지 않고 서로를 인정하면서, 각 시기별로 우세한 종교가 중심이 되어 다른 종교를 해석하고 평가하는 방식으로 주도권 경쟁을 하면서 발전했다. 불교가 중심이 되던 시기에도 유학은 계속해서 중요한 덕목으로 교육되었다. 유학은 당시 사회의 질서를 유지하는 일반적인 윤리와 정치적 태도로서 동북아 사상의 기본적인 토대(base)가 되어 그 중요성을 계속 인정받았고, 불교는 좀 더 종교적인 측면에서 마음의 안정 및 구제 측면과 세련된 인식론에 도움을 주었으며, 도교는 동양적 세계관과 샤머니즘의 점술이 사용되는 민간신앙의 영역에서 계속해서 강한 영향력을 행사해왔다.

'고구려는 소수림왕 2년(372)에 수로부터 승려 순도를 통해 불교를 전수받았다. 소수림왕은 불교를 공인하면서 동시에 유교 교육의 최고기관인 '태학' 을 설치했다. 태학은 귀족 자제들의 교육기관으로 서민자제의 교육기관인 서당과 구분하였다는 역사적 기록이 있다. 태학의 교과목은 유교 경전이었고 경당에서의 교육도 유교적 도덕이 주였다. 유교 교육의 최고기관을 세울 수 있다는 것은 이미 유교문화의 풍토가 조성되고 있었음을 시사한다.' [1]라는 언급처럼, 고대 국가에서는 불교국가로 변화된 상황에서도 유교 역시 중요한 가치를 잃지 않고 공존했다. 유교의 위계와 질서를 중심으로 동양적 세계관과 세련된 세계의 인식론을 바탕으로 하는 성리학의 통합정신은 건축에도 통합적, 복합적인 특성에 강한 영향을 끼쳤다. 다른 한편으로 강한 영향을 끼치기 이전에 동북아가 다양한 사상과 문화를 포용하고 통합하고자 하는 특성이 있기도 했으므로 유교와 불교는 상호 영향을 주고 받으며 발전했다. 삼국시대로부터 고려 시대에 이르기까지 당시 불교건축은 격식이 있는 고급 건축기술과 대규모 단지(사찰, 궁궐)의 전형에서 점차 지형의 적용과 도교적 특성(천인합일, 음양오행)이 더하여 불교 건축은 현지화, 토착화되는 지혜를 녹여내어 기술과 문화와 공간의 복합화를 성취할 수 있었다.

1) 한국건축역사학회, 한국 건축사연구 1_분야와 시대, 발언, 2003, p100

유교를 중심으로 불교와 도교를 해석하여 동북아 사상을 집대성한 주자의 성리학의 특성이 종합된 사상을 살펴보면 조선 건축문화의 형성을 이해할 수 있다. 여전히 동시대에도 유교적 가치(불교, 도교 포함)가 강하게 영향을 끼치고 있는 한국문화와 건축문화를 이해하면서 동시에 새로운 방향성에 대한 단서를 이해할 수 있게 될 것이다. 고건축을 주로 연구하는 연구자들은 현존하는 유구를 당대의 시각으로 판단하고 분석한다. 그러나 그들은 건축가가 아니기에 동시대에 어떻게 적용 변환해야 할 것인가에 대해서는 상대적으로 부족할 수밖에 없다. 다른 한편으로, 동시대의 건축가들은 과거의 유구를 단편적으로 바라보고 과거의 외적 변수와 시대적 특성을 무시한 채, 현재 시점에서 한국성으로 오인하고 단편적인 판단을 내릴 가능성이 크다. 두 가지는 상호 교환되며 시각이 보완될 때 자연스럽게 한국적 동시대 건축이 수준높게 성취될 수 있을 것이다. 이제, 이러한 관점을 중심으로 유교문화의 근본이 되었던 고대 유교의 특징에 대해서 살펴보며 간극을 줄여나가는 기회를 갖도록 하자.

중국 고대 유교(제자백가)의 역사와 특성

동북아 사유의 저류지 역할을 해왔던 주자의 성리학은 유, 불, 도의 사상을 통합하여 동북아 사유의 거대한 형이상학적 체계를 완성했다. 성리학은 유교를 중심으로 하여 도교 및 주역과 음양오행론과 불교의 마음의 인식론을 종합하여 해석했다. 여기에서 중요한 것은 동북아 사유에서 공통분모로 사유하는 '마음'의 수양을 중심으로 도덕적 정치학으로의 확장을 통해 세계의 운행 법칙과 연계시켰다는 점이다. 개인의 마음의 도덕적 수양이 전체세계로 확장되면서 세계 전체와 참 자아(眞如, 아트만)가 하나가 되고자 하는 범아일여(梵我一如), 천인합일(天人合一)의 정신이 도덕적, 정치적 세계의 운행과 일체화되는 방향으로 통합된 것이다. 그것은 시각의 차이에 따라 생기의 철학의 계보에서 새롭게 사상의 발전을 이룰 수 있는 방향성을 보이게 된다. 고대 유교부터 이러한 근본적인 흐름을 살펴보아야 하는 이유는 한국의 사유와 생활, 문화 전반에 고대 유교와 불교, 도교의 특성이 통합된 성리학적 특성이 짙게 깔려 있기 때문이며, 그것이 오늘날까지도 지대한 영향을 끼치고 있기 때문이다. 그것은 우리의 정신문화와 물질문화, 건축문화에 여전히 큰 영향력을 행사하고 있다. 싫든 좋든 그것은 우리의 내적, 외적 조건이 되고 있으며 단점을 극복하면서 동시에 좋은 것을 계승, 발전시켜야 하는 것은 우리의 동시대적 과제이기도 하다. 다른 한편으로, 고대 유교 사상을 근본으로부터 계보적으로 통찰하다 보면, 서구 문명의 영향과는 다른 관점에서 새롭게 시도할 수 있는 방향성과 장점을 취할 수 있을 것이다. 이를 통해 동시대 건축의 새로운 가능성과 아이덴티티를 찾을 수 있다는 점에서 중요하다.

중국의 고대 사상은 유교(공맹사상)와 도교(노장 사상)가 대표적이라고 할 수 있다. 특히, 유교는 율법과 같이 도덕적으로 지켜야 할 윤리에 대하여 논의한다. 정치적인 부분에 있어서는 군주의 도리와 지켜야 할 법도에 대해서 논의했다. 진나라의 통일 전, 사분오열되어 있는 어지러운 세상의 조건에서는 각 나라를 다스리는 군주들의 법도와 각 나라를 다스리는 형제, 친척이 되는 왕들과의 예의가 중요했던 시기였다. 이에 국가들 사이의 매끄러운 예절로서 유교는 상당 부분 군주 혹은 왕족들을 위한 윤리학(매너학)으로서 작용했다.

도교(노장 사상)는 동양적인 기(氣)의 세계관과 함께 도(道)에 의해 자연스럽게 운행되는 철학 사상을 정교화했다. 유교, 도교의 두 사상의 가치와 관점은 서로 대립되지만, 다른 한편으로 보았을 때, 무언가 한정하면서 법체계 하에 집어넣어 통제하려고 하는 구성주의적 사유와 그것을 초월하여 자유롭게 사유하고자 하는 해체주의(노장 사상)의 두 가지 흐름이 인간 사유의 특성을 전반적으로 대변하고 있다. 유교는 율법과 도덕에 가깝고 도교는 무위자연의 철학이자 무속신앙이 결합된 동양적 세계관에 가깝다면, 불교는 논리성을 기반으로 하는 인식론을 중심으로 하는 마음의 치료학이며, 동북아에서 부족했던 체계적인 종교 시스템을 구축하는데 도움을 주었다. 유, 불, 도 삼교(三敎)는 각 사상에 필요한 부분, 부족한 부분을 서로 보완하면서 경쟁해왔다. 각 종교는 완전히 배타적이지 않고 공존하면서 자신의 시각을 중심으로 하여 나머지 종교를 새롭게 해석하여 통합하는 방식으로 발전하다가 결국 주자의 성리학으로 통합되었다.

성리학은 유교적 관점을 중심으로 하여 무위자연을 중시하는 노장사상과 주역, 음양론의 거대한 동양적 세계관을 접목하여 유교적 질서를 부여하고, 불교의 인식론을 바탕으로 하여 마음과 기의 체계를 통합한 학문체계라고 할 수 있다. 성리학은 '마음의 도덕적 통치학'이라고 할 만큼 유교를 중심으로 하여 동북아 사유의 핵심적인 부분을 잘 융합하여 거대한 형이상학 체계를 완성했다. 성리학은 불교의 참 자아(진여, 아트만)를 찾기 위해 마음을 살피고 참 자아와 일체가 되는 세계를 마주하는 내재성의 사유를 기본으로 하여 각 사상을 통합하여 발전시켰다. 더 나아가 성리학은 불교의 세련된 인식론 체계를 바탕으로 하여 참 자아를 찾고 그것이 세계의 운행과 일치되며 더 나아가 도덕적 이상 국가의 정치체계로 확장시키고자 하는 학문체계를 완성한 것이다. 주자학은 개인의 마음 수양을 전 체세계의 이상적 통치체계로 적용한 것에 그 의의를 두어야 할 것이다.

0301 제자백가(諸子百家)의 출현과 학문발달의 지형

황하문명으로 대표되는 고대 중국 문명에서 철학 사상은 제자백가의 사상이 그 기반이 되었다. 제자백가(諸子百家)는 중국 춘추전국시대(BC 8세기~BC 3세기)에 활약한 학자와 학파를 말한다. 여기서 '제자(諸子)'는 수많은 학자들이라는 뜻이고, '백가(百家)'란 수없이 많은 학파를 지칭한다. 그것은 수많은 학파의 학자들이 만들어내는 다양한 사상을 의미한다. 오늘날의 시각으로 보았을 때 당시는 기원전이었지만 이들의 사상은 거의 모든 철학 분야를 망라하여 다양한 논의와 담론들을 만들어냈다. 제자백가는 유가, 묵가, 법가, 도가, 병가, 종횡가, 명가, 농가, 음양가, 잡가 등을 포괄하며 이들은 사회, 정치사상뿐만 아니라 다방면의 학술 활동 전반에 영향을 끼쳤다. 특히, 유가, 도가, 묵가, 법가 등이 춘추전국시대에 있어서 주로 언급되며 이들을 흔히 제자백가로 부른다. 공자, 맹자, 순자 등 여기에서 제자의 '자(子)'는 학문적 업적을 이룬 사람 혹은 그 학문 그룹에 대한 최고의 예우로 붙이는 한자이다.

동북아의 철학은 정치철학이 가장 중요한 역할을 차지했다. 기원전 770년부터 춘추시대가 시작되고 전국시대는 기원전 231년에 끝나게 된다. 당시는 수많은 나라가 명멸하면서 살아남기 위해 각국이 정치적 야합을 했는데, 종으로 횡으로 상황에 따라 다양한 조합으로 연합하게 되었다. 이것을 가리켜 합종가(합종연횡合從連橫)라고 하고 다양한 현실정치가들의 담론과 세력도 존재했다. 시대적으로 춘추전국시대는 춘추시대와 전국시대로 나뉘는데 춘추시대는 청동기에서 철기로 넘어가는 시기를, 전국시대는 본격적으로 철기로 넘어가는 시기를 말한다.

고대 유교는 대표적으로 공자와 맹자, 순자 등을 들 수 있는데 이들은 예(禮)와 인의(仁, 義)를 중심으로 한 인간의 교화를 주장했다. 도가는 노자, 장자로 대표되며 법가의 가혹한 법령에 반대하고 무위자연과 소국과민(小國寡民)을 강조한다. 법가는 한비자, 이사 등이 있으며 법에 따른 엄격한 통치의 확립을 목표로 왕의 권위와 세력 유지를 강조한다. 또한 묵가는 묵자가 사치와 낭비를 부정하고 겸애(兼愛, 차별 없는 사랑)를 주장하고 전쟁을 반대했다.

공자는 최초로 유가의 근본적인 담론과 세력을 형성했으며 이후 등장하는 사상들과 대립적인 각을 세우면서 논쟁을 일으켜 다양한 학파들이 생성되는 시발점이 되었다. 공자와 노자는 대립적인 시각과 정치적 견해를 가지고 있었다. 이들은 비슷한 동시대를 살았는데, 이후 유가는 다른 학파와 항상 대립적인 논쟁을 벌인다. 노자는 공자의 사상과 근본적으로 대립적이며 묵자 또한 공자의 사유에 있어서 상당 부분 대립적인 논쟁을 벌이게 된다. 이후 세대인 맹자는 공자의 사상을 이어받아 묵자의 사상을 대상으로 대립적으로 논쟁하며 전선은 '유묵논쟁(儒墨論爭)' 으로 이어진다. 또한 맹자는 장자의 사유와도 대립된다. 여기까지가 전국시대 초엽이고 말엽에 이르러 순자의 사유가 등장한다.

순자는 맹자의 성선설과는 달리 성악설을 주장했는데, 그것은 비정통성을 가진 것으로 고자 및 이사와 한비자는 법가를 이루면서 진시황의 진나라 통일에 있어서 기틀을 마련하게 된다. 그는 나라를 세우는데 설계자의 역할을 했으나 후에 환관에 의해 죽임을 당하게 된다. 춘추시대에는 귀족들끼리 전차를 가지고 예의를 지키며 전쟁을 수행했다. 전차가 중심이 되는 전투는 산이 아닌 평원에서 싸우므로 전용 전장이 필요했을 것이다. 춘추시대까지만 하더라도 각 나라의 귀족들은 싸움을 위한 전장을 함께 정비한 후, 각 나라의 우두머리 사이의 결투를 진행했고 승패의 결과에 따라 깨끗하게 물러나거나 분쟁의 영토를 포기하는 모습을 보였다. 그러나 전국시대 말엽에는 각 나라가 총력전을 펼치면서 국가 구성원 전체가 싸웠으며 항복한 대규모 군사들마저도 모두 몰살시키는 잔인한 전쟁으로 변모하게 된다. 이처럼 어지러웠던 전쟁의 상황에서 수많은 나라가 전쟁으로 명멸하게 되자 백성들의 삶은 극도로 피폐해지고 정치와 삶의 방향성에 대한 철학적 사유와 니즈가 급증하게 되었다. 제자백가 시기에는 이렇게 혼란했던 사회적 분위기에서 각자 자신의 논리를 선명하게 드러내는 사상들이 상호 논쟁하며 생성되었고 자신의 이론으로 정립되었다. 이후 이러한 사상들은 다양한 종류의 사상들과 경쟁하고 융합하며 발전을 이루게 되었고 후에 주자가 고대 유교를 중심으로 도교와 불교를 재해석하면서 성리학(신유학)을 창시하고 통합되었다.

유가와는 대립적인 입장에 위치하는 노자, 장자의 사상으로 대표되는 노장사상은 인위적인 위계와 체계 등을 거부하는 무위(無爲) 사상과 자연의 순리에 따른 도(道)를 중시하는 사유를 펼쳤다. 이로 인해 노장사상은 인위적인 예절과 질서를 중시한 유교 사상과 대립적이었는데, 이들 외에도, 제자백가 시기에는 묵자의 사상과 명가의 사상 등 다양한 사상들이 등장했다. 그중에서 오늘날 활발하게 재조명되고 있는 묵자의 사유를 간단하게 살펴보도록 하자.

—묵자의 철학

묵자(墨子)는 한자의 의미에서 감지할 수 있듯이 '까만 자(기술자, 생산자, 수공업)' 즉, 햇빛 아래 노동을 하며 살갗이 까매진 사람으로서, 노동자(생산계급)을 대변하는 사상임을 쉽게 유추할 수 있다. 묵자가 활동하던 당시에는 범죄자 혹은 노비에게 이마에 낙인을 찍는 것, 그것이 바로 묵(墨)이다. 낮은 곳에서 낮은 자들과 함께했던 그들(묵자의 학파 사람들)은 국제 평화주의자이자 반전주의자였다. 즉, 서양의 사례로 비추어 보았을 때 많은 사람의 이익을 우선시하는 전형적인 공리주의적 입장이다.

동북아에서는 원래 관념적인 의(義)의 개념은 고결한 귀족들의 학문에서 등장하며, 이와는 달리 이익(利)은 시정잡배의 무리가 취하는 것으로 여기는 경우가 많았다. 의(義)의 고결함과는 달리 리(利)는 시정잡배와 같은 일반인의 모습에 가깝다. 맹자는 견리사의(見利思義), 즉, 이익을 마주하게 되면 의를 생각해야 한다고 보았고 묵자는 리(利)를 우선시했다. 즉, 그는 '항산(恒産)해야 항심(恒心)할 수 있다' 라고 본 것이다. 이해하기 쉽게 말해, 무언가 생산해서 돈도 벌고 해야, 염치를 알고 매너를 지키는 마음도 생긴다는 뜻이다. 벤담의 공리주의는 쾌락을 중시하여 리에 가까운 사유를 주장했다. 그러나 인간은 일종의 생명체이기 때문에 쾌락을 추구하고 고통을 회피하는 것이 자연스러운 존재이다. 따라서 공자는 고통을 줄이고 리(利)를 높이면서 대중을 위한 공리주의를 취하게 된다. 그것이 진정한 '현세적인 의' 라고 생각한 것이다. 그래서 공자는 현실적인 측면을 서로 이해하는 인(仁)의 개념, 즉 용서의 '서(恕)의 개념' 을 중시한다.

묵자는 반전주의(反戰主義)를 추구했으며 평화주의자였는데, 역설적으로 평화를 지키기 위해 전쟁에 뛰어들었다. 그래서 묵가의 세력은 기묘하게도 군인이자 수송기술자 및 수성술(修城術), 축성술(築城術)에 능한 기술자들이었다. 또한 죽으면 비석을 세우지 말라고 하는 등, 소박하고 검소한 생활을 했다. 또한 경제에 있어서도 철저하게 절약을 중시했다. 그들은 실천적인 노동자 계급의 구성원들이었기에 먹고 즐기는 예악을 싫어했던 결사 집단이었다. 묵자는 인간세계의 모든 전쟁과 다툼이 '서로 사랑하지 않는 것' 에서 원인을 찾고 이를 해결하기 위해 선과 리를 넘어서는 보편적인 사랑인 '겸애(兼愛)' 를 강조했다. 그래서 그들은 남들의 자식과 나의 자식을 차별하지 말고 겸상하도록 했고 '보편적인 사랑' 을 중시했다. 맹자는 이 부분을 통렬하게 비판한다. 몽상가적이고 비현실적이라는 것이다. 맹자는 묵가와는 달리 내 자식을 끔찍이 먼저 사랑하고 보편적, 이상적 윤리개념에 따라 내 자식을 사랑하듯이 남의 자식도 사랑하라는 것으로 개념을 확장한다. 이처럼 묵자는 대중들의 보편적인 이익을 중시하여 '천하지리(天下之利)' 를 가치

있는 것으로 생각했다.

그는 서로 사랑하자는 구호와 함께 '평등', '박애'를 주장했다. 그러나 실제로 그의 사유는 당시 정치 지배계급의 구조를 그대로 인정하면서 단순히 '보편적 사랑(겸애)'만을 강조한 것이었다는 한계가 있다. 이것은 때에 따라서는 독재로 흐를 수 있는 위험성을 내포하고 있는 한계가 있다. 그러나 그의 사랑은 정신적인 사랑이 아니라 물리적 도움 및 물질적 연대와 상호 원조를 실천하는 강력한 '관계의 철학'이었다. 노장사상은 자연주의 철학으로 주류 권력 집단의 강제성을 거부하는 소규모 공동체의 철학으로 선호되는 역사를 보였다. 그러나 묵자는 태생 자체가 실질적이면서 동시에 낭만적 특성이 결여되어 있었고, 도교사상과는 달리 종교적인 색채로 발전될 여지도 없었다. 이에 따라 묵자의 사상은 결국 소멸되었다. 묵자는 오늘날의 시각으로 보았을 때에도 신선한 측면이 있다. 실천을 통해 실질적인 변화를 성취하고자 했던 유물론적 특성, 전복적 진보적 커뮤니티의 연대 특성이 발견되기 때문이다. 그래서 근대 중국 공산당은 의도적으로 사회주의적 가치를 부각하기 위해 이들의 사상에 대한 연구를 장려하기도 했다. 20세기에 마오저뚱(모택동)은 중화사상 가운데 사회주의적 사유의 전통을 찾았고 문화대혁명을 일으켜 유교적 전통을 몰아내고 자연스럽게 묵자의 평등주의 사상을 재조명했다. 묵자의 사상은 동북아 사상의 다양성을 확장시키는데 공로가 있고, 사상과 사회적 실천과 변화를 주도했다는 점에서 의의가 있다. 이처럼 제자백가 시대의 다양한 사유 중 유물론과 보편적 사랑을 강조한 묵자의 사유와 함께 이제 제자백가 시대의 대표적인 공맹 사상과 법가사상과 대립적인 위치에 서 있었던 노장사상에 대해서 좀 더 자세히 살펴보도록 하자.

0302공, 맹(공자, 맹자)의 철학

–공자의 철학과 학문의 시초

공자는 춘추시대(春秋時代)의 어지러운 사회를 바로잡고자 하는 큰 꿈을 품고 제후들을 만나고 천하를 주유(周遊)하면서 인(仁)과 예(禮)를 설파했다. 그러나 그는 자신의 정치적 뜻을 성취하지 못하고 고향에 돌아와 제자들에게 육경(六經:詩 · 書 · 禮 · 樂 · 易 · 春秋)을 가르치며 '인간의 도리(道理)' 를 후세에 전했다.

공자 사상의 배경이 되는 중국은 문화 전반에 현세 중심적인 특성이 있었던 것과 같이, 중국 사상은 정치적이고 현실 중심의 실용적인 내용을 사유했다. 유가(공자, 맹자)는 현세에서 완성된 '인격적 도덕체' 가 되는 것을 삶의 목표로 정하였다. 이를 위해 가장 중요한 것은 제사를 지내면서 예를 차리는 것인데, 이때 제사의 음악인 악(樂)을 하는 것이다. 공자는 예와 악(편경, 편종)을 동등하게 중시했으며 악에 상당한 조예가 있었다. 공자의 사상은 후에 귀족 제후들에게 신분의 제반 질서를 바로잡기 위해서 사용되었다. 공자의 인(仁)의 사랑은 보편적인 사랑이 아니라 귀족들 내부의 애정 혹은 배려 또는 예절로 볼 수 있다. 그의 '인(仁)' 의 개념에서 일반 민중은 통치의 대상에 불과하다. 따라서 공자의 사유는 당파적으로는 보수적인 사유이다. 이와는 대조적으로 묵자는 신분제를 인정하지 않는다.

공자는 인(仁)과 사덕(四德)인 인의예지(仁義禮智)를 중시한다. 그는 인(仁)이 이상적으로 실현된 인간상을 군자(君子)라고 했다. 그는 신분 질서에 맞는 예의범절을 잘 지키고 각자의 역할에 충실하면 조화로운 국가를 이룰 수 있다고 보았다. 공자의 사상에서 중요한 정명론(正名論)이 이러한 사유에 해당하는데, 이 개념은 각자의 자리에서 자기의 이름에 맞게 적절하게 행동하자는 주장으로, '임금은 임금답게 신하는 신하답게, 백성은 백성답게 행동하라' 는 것이다. 각자 맡겨진 역할에 적합하게 또 충실하게 행동하다 보면 사회는 순리에 맞게 조화를 이루게 된다는 것이다. 예를 들어 조선 후기에는 예학(예절)과 보학(족보)이 매우 강조되었는데 이것은 역설적으로 조선 시대 초기의 진보적 성격과는 달라진 정치적 태도를 보여주는 지표이다. 조선 후기에는 임진왜란 이후 무너져 버린 신분제를 되살리고자 하는 매우 보수적인 성격의 유학으로 회귀되었다. 그것은 안정된 사회로 돌아가고 싶은 기득권의 의도가 투사된 것이다. 그러나 공자의 철학은 단순히 보수적인 입장의 관념적인 철학이 아니라 실천을 중시한 철학이기도 하다. 공자가 "아침에 도에 대해 들으면 저녁에 죽어도 좋다"고 말한 것에서 아침에 "도를 들으면 바로 죽어도 좋다"라는 말을 하지 않고 "~저녁에 죽어도 좋다"라고 말한 이유에는 저녁까지 깨달은 도를 실천하고자 하는 시간이 필요하다는 것을 암시한다. 다시 말해 깨닫고 인을 실천해야 함을 역설한다는 시각이 있다. 예와 관련하여 공자는 예, 비례, 허례 등으로 구분한다. 공자가 강조한 삼년상(喪)은 묵가 및 법가에서는 허례할 바에는 비례하는 것이 낫다고 비판하는 부분이다. 즉, 마음에서 우러나옴 없이 예를 가식적으로 행하는 것은 바람직하지 않다는 것이다.

평생 삶의 기준으로 삼을만한 간결한 가르침을 하나 알려달라는 제자 자공의 요청에, 공자는 '서(恕)' 라고 답했다. 동서양 현인들이 아주 오래전에 제시했던 백성의 마음을 얻는 기술이 바로 서(恕)인 것이다. 내적 성숙은 역지사지(易地思之)로 사랑을 베풀 때 성취될 수 있다. 자신이 원하는 것을 다른 사람에게 역지사지로 베풀고 원하지 않는 것을 하지 않는 것도 포함하여 배려함으로써 상호 인정을 받게 된다. 이것은 남에게 대접받고 싶은 대로 남에게 대접하라는 기독교적 윤리와도 유사하다. 달리 이야기하여 자신의 입장으로 남을 이해하라는 것이다.

공자는 인간이 군자로 나아가야 하는데 인간에게는 본래 본성으로, '인(仁)' 이 있으며 그것은 하늘에서 내려준 것이며 '그것을 실행하면 평화가 오게 되어 있다' 라고 생각했다. 공자는 마음이 어진 것은 하늘로부터 부여받았기 때문이라고 주장했다. 그러나 기질이 악에 빠지는 것은 수양을 통해 군자에 이를 수 있다고 순자는 주장한다. 그것이 바로 수신(修身)의 개념이다. 극기(克己)는 동물로서 나오는 기질을 막고 극기복례(克己復禮)로서 어진 마음에서 우러나오는 것이 인이며 그것은 외부적 형태로 표출되어 나오는 것이다. 역설적으로 그가 살던 시기는 인의 개념이 작용하지 않던 혼란스러웠던 전쟁의 시기였다. 인(仁)의 한자를 분해하여 해석하면 사람(人)이 둘(二)이 있다는 뜻이 된다. 혹은 사람이 자식을 낳아 둘이 된다는 뜻이기도 하다. 공자는 부모가 자식을 보살피는 마음으로 세상과 사람들을 섬기면 곧 평화가 이루어질 수 있다고 보았다. 자연을 정복하고자 했던 서구인들과 달리 하늘(자연)을 인격적인 존재로 본 동북아인들에게 인의 개념은 매우 적절한 것이었다. 그러나 거의 비슷한 시기에 발생했던 노자의 사유에서 자연은 공자의 개념과는 대립되는 측면이 있다. 노자의 자연은 도(道) 그 자체로서, 사람의 뜻과는 상관없이 순리에 의해 한 치의 오차도 없이 운행되는 것으로 생각했다.

공자는 인(仁)을 중심으로 하는 예절과 통치의 학문적 기초를 세우고 학파를 형성하여 학문의 교육과 전파의 체계를 잡은 만세의 사표(師表)가 되는 인물로서 의미가 있다. 그가 계속해서 숭앙받는 것은 진정한 학문적 자세와 함께 실천을 통해 새로운 세상을 만들고자 했다는 점에 있었다. 비록 공자가 현실정치에는 참여하지 못했지만, 그의 영향력은 이후 동북아 사유와 정치철학에 있어서 지대한 영향을 끼치면서 계속해서 많은 사상가를 배출하는데 크게 기여했다.

-맹자의 철학

공자는 유학의 토대를 세웠으나 맹자는 이후 동북아 사유의 핵심적인 사유의 체계를 만들었으며 특히 현실의 실천적 요소를 중시하여 학문과 실천이 함께 이루어지는 가치를 정립했다. 공자의 인은 형이상학적이지만 맹자의 개념은 보다 실천적인 것을 포함한다. 공자의 '인'은 보이지 않는 형이상학적 측면만이 강조되지만, 맹자의 사단(四端)과 같은 개념은 실제 생활에서 조우하게 되어 고민되는 상황에서 올바르고 정의로운 행동을 촉구한다. 맹자의 이상적인 인간상은 호연지기(浩然之氣)가 충만한 '의(義)' 가 넘치는 대장부(大丈夫)이다. 기와 의가 결합되는 마음(불교의 인식론)을 중시하는 맹자의 방식에서 우리는 유, 불, 도의 융합을 통해 주자학이 생성됨을 예견할 수 있는 지점을 발견하게 된다. 맹자는 대장부와 같이 호연지기의 좋은 기운이 넘치게 되고, 숨길래야 숨길 수 없이 넘쳐나는 그 기운을 바탕으로 하여 올바른 마음으로 '의' 를 실천하는 '대장부' 와 같은 인간이 되는 것이 중요하다는 것을 역설하는 것이다. 예를 들어 물에 빠진 아이를 보면 측은한 마음이 들어 구하고 싶은 충동이 일게 되는데, 그것이 바로 '측은지심(惻隱之心)' 의 개념이다. 맹자는 몰랐다면 할 수 없지만, 일단 측은지심의 개념을 알고 나면 '의(義)' 를 반드시 실천해야만 하는 것으로 보았다. 맹자는 이를 세 가지의 단계로 설명한다.

첫째, 성(性)은 사람이라면 기본적으로 나타나는 부분으로서 삶의 자연적인 본성이자 날 때부터 가지고 있는 본성이다.

두 번째 단계인 정(情)은 외부의 대상들과 맞닥뜨리면서 발생하는 감정이다.

세 번째 단계인 려(慮)는 특정 감정이 생긴 이후, 우리의 선택을 어떻게 할 것인가의 문제이다. 물에 빠진 아이를 구하려고 생각하다가 자신도 죽을 수 있지만, 그 두려움을 극복하고 행동하는 것이 의(義)이다. 공자가 강조하는 인(仁)과 맹자가 강조하는 의(義)의 차이를 살펴보면 '인' 은 도덕이고 '의' 는 도덕 실천의 개념이다.

예를 들어 아프리카의 독재 정부의 횡포로 인해 굶어 죽기 직전의 아이를 만나게 되었다고 가정해보자. 공자라면 그 불쌍한 아이를 보고 안아주며 위로할 것이다. 그러나 맹자의 측은지심의 개념이 들어간다면, 그러한 상황을 만든 독재 정부에 분노하여 총을 들고 독재에 항쟁하는 투사의 '실천적 행동' 이 중요한 가치가 된다. 이러한 부분은 후에 선비의 지행합일(知行合一)의 정신에 큰 영향을 끼쳤다. 일단 알게 되면 목숨을 걸고 지켜야만 하는 것이다. 맹자의 정신은 칸트의 실천이성을 떠올리게 만든다. 칸트의 '정언명령' 과 같이 맹자의 사단은 어떠한 상황에서도 보편적인 도덕의 준칙대로 행해야 한다는 실천 의지를 강조하는데, '일단 알게 되면 깨달은 것을 목숨을 걸고 의(義)를 실천하라' 는 것이다.[2] 맹자는 인간의 본성 안에 사덕(四德)인 인의예지(仁義禮智)가 있으며 그것은 어진 하늘로부터 나온 것이라고 본다. 그것이 단서가 되어 측은지심(惻隱之心), 수오지심(羞惡之心), 사양지심(辭讓之心), 시비지심(是非之心) 등의 사단(四端)이 드러나게 되는 것이다. 여기서 단서란 드러나는 것이다. 맹자는 군자(선비, 대장부)가 되는 것은 즉, 불인인지심(不忍人之心)이며 그것은 지극히 옳고 바르게 살아 휨이 없는 강직한 것이라고 생각했다. 이것이 중요한 이유는 후에 주자가 성리학을 세움에 있어서 세계에는 쉽게 변하는 마음(기)에도 그 안에는 변하지 않는 사단이라는 근본원칙인 리(理)가 존재한다는 논리를 발전시키는데 토대가 되는 사유를 정립했기 때문이다. 이후, 리가 중요한지, 기가 중요한지에 대한 논의에 따라서 정치적, 학문적 입장(세계관)의 차이가 발생한다는 점에서 매우 중요한 위치를 차지하고 있다.

맹자는 '항산(恒産)이 있어야 항심(恒心)이 있다' 라고 주장한다. 여기에서 '항산은 살아가면서 지속적으로 물질이 공급될 때만이 도덕심(moral mind)이 유지된다' 라는 의미이다. 사람이라는 존재는 일정한 물질(재산)이 없으면 마음이 흔들리게 된다는 것이다. 조선 시대 사대부의 경우, 항산(恒産)없이 항심(恒心)할 수 있는 사람을 이상적인 사대부의 모델로 생각했다. 그것이 바로 사대부의 미덕이며 바로 안빈낙도(安貧樂道)할 수 있는 청백리가 될 수 있다고 생각했기 때문이다. 그러한 도덕적인 선비를 '수신제가 치국평천하(修身齊家 治國平天下)' 할 수 있는 사람으로 본 것이다. '항산(恒産) 없이 항심(恒心)할 수 있다.' 라는 것은 정치는 엘리트주의로 가는 것을 의미한다. 그것은 동전의 양면과 같은 특성이 있다. 엘리트는 '항산(사유재산)이 없어야 한다.' 라는 플라톤의 엘리트의 공유주의를 생각나게 하며 사유재산을 불허하는 생각과 유사하다.

노동은 정신과 육체적인 노동이 있는데, 통치는 엘리트 정신 노동자에게 맡

2) 칸트의 정언명령: 정언명령은 가정의 명령이 아니다. 즉 "만약 행복해지려 한다면 (그 대가로 무엇을) 하라!" 라는 가언 명령(假言命令, if)과는 다르다는 것이다. 그대가 하려는 행동이 누구에게나 보편적으로 통용될 수 있는 도덕적 방식으로 행하라 라는 것이다. 조건을 따지지 말고 그것 자체가 선(善)이기 때문에 무조건 그것을 수행하라고 자신에게 요구하는 것을 정언명령이라고 한다.

기고 대신 높은 도덕성을 요구하여 정의로운 사회(정명론, 사주덕)로 나아가야 한다고 생각한 것이다.[3] 여기에서 바로 맹자의 역성혁명론(逆成革命論)이 등장한다. 그러나 역설적으로 맹자는 왕의 구조는 인정하고 있다. 근대적 관점에서 일정부분 한계로 작용되는 부분이다. 예를 들어 맹자의 학문적 입장에서 폭군 연산군은 이미 왕이 아니라 백성들에게 패악한 범죄를 저지른 범인에 불과하므로 왕위가 폐위될 수 있다는 것이다. '민본(民本)하는 자가 아니면 역성(逆成)을 해도 무방하다' 라고 맹자는 주장한다. '공동체의 이익에 힘쓰지 않고 멋대로 통치하게 되면 통치자는 언제라도 퇴위시키고 심지어 처형하는 것이 백성의 권리이자 의무이다' 라는 것이다. 결과적으로 이러한 주장을 펼쳤던 맹자는 당시 군주들에게 부름을 받지 못했다. 언제든 실수하게 되면 군주가 죽임을 당하거나 폐위될 수 있음을 주장하는 자를 자신의 신하로 맞이할 군주를 찾기는 힘들 것이다. 맹자의 이론에 영향을 받아 유교의 사대부가 중심이 되어 혁명의 불씨를 일으킨 고려 말기 공민왕의 사례를 살펴보자. 사대부들은 '공민왕의 아들은 신돈의 아들이므로 도덕성에 흠이 된다' 라는 구실을 삼아 조선의 건국에 있어서 역성혁명의 명분을 만들었고 고려를 폐망시키고 조선을 건국했다. 어떤 측면으로 보면 맹자의 성선설(性善說)은 사변적이고 낙관적일 뿐만 아니라, 현실감각이 결여된 주장으로 받아들여질 수 있다. 인간의 이기심과 본능을 제어하지 못하고 스스로 이성적 선함에 의지하여 스스로 수양하기에 힘써야 한다는 맹자의 견해는 항상 위험성이 내포되어 있다. 그럼에도 맹자의 유학 사상은 한나라가 건국되고 제국의 사상으로 채택되어 꽃피우게 되고 이후 성리학에서 주요한 유학 사상의 근본 토대가 되었다. 이후 이러한 사상은 조선 시대를 관통하면서 강력한 성리학의 유교 이데올로기 국가체계의 토대가 되었다.

유교에서 사덕(四德)은 인의예지(仁義禮智)로 공자가 중시한 가치이다. 공자의 이상적 인간은 이러한 사덕이 잘 조화를 이룬 인격을 지닌 '군자(君子)' 이다. 이를 이어 맹자의 이상적 인간상은 '대장부(大丈夫)' 인데, 대장부에게는 호연지기(浩然之

3) 플라톤은 인위적으로 엘리트 지배계급을 설정하고 높은 도덕심을 바탕으로 하여 정치하도록 하는 이상적인 정치사회를 꿈꾸었다. 이것은 동북아에서 직책, 계급의 이름에 따라 자신의 올바른 역할을 해야함을 역설하는 '정명론'과 유사한 지점을 공유하고 있다.

氣)가 필요하다고 보았다. 호연지기를 만드는 심(心)은 성(未發)과 정(旣發)으로 이루어졌으며 성은 인의예지와 같으며, 정은 사단, 칠정의 요소로 이루어진 것으로 보았다. 사단은 외부 사물과 접촉하면서 생기는 것으로 수오지심, 측은지심, 시비지심, 사양지심 등으로 이루어져 있고 사단과 희노애락애오욕(喜怒愛樂愛惡慾)의 칠정(七情)으로 이루어진다고 보았다. 칠정은 외부의 사물에 의해 육체가 반응하여 나타나는 마음(心)이다. 맹자의 사단은 일단 알게 되면 목숨을 걸고 실천해야 하는 의(義)를 드러내야 하는 형이상학의 영역이다. 이것은 칠정(마음, 감정)을 적절하게 사단의 리를 통해 통제해야 한다는 주자의 성리학의 리, 기로 이루어진 세계관에 지대한 영향을 주었다. 사단의 형이상학적 실천개념을 중심으로 하여 마음의 수양을 통해 전체세계로 나아가 도덕적 이상국가를 성취하는데 있어서 맹자의 철학은 핵심이 되었다. 맹자의 사상은 유, 불, 도를 통합하여 동북아 사상의 종합적인 사상을 생성시킨 주자의 성리학의 기본적인 토대가 되었다는 점에서 중요한 위치를 차지하고 있다. 또한 그의 사상은 조선에서 유명한 사칠논쟁에 있어서 근본적인 토대가 되었다. 맹자의 경우, 성리학의 유불도의 융합적 특성이 이미 그 저변에 깔려있다. 이는 맹자를 주로 재해석한 주자가 당시의 시대적 특성을 고려하여 융합한 것으로 볼 수 있다.

노장사상과 동양적 세계관에 있어서 중요한 기의 특성을 맹자에서는 '호연지기(浩然之氣)' 에서 찾아볼 수 있다. 좋은 기를 받아들여 잘 수양하고, 개인의 도덕을 고양하여 인격적 완성을 이룬 상태가 호연지기가 충만한 '대장부(大丈夫)' 의 상태이다. 호연지기란 '그 기운됨이 지극히 크고 지극히 강해서 올바르게 길러서 해침이 없으며 하늘과 땅 사이에 충만한 상태' 를 의미한다. 동양적 세계관에서는 인간과 세계가 모두 기로 형성되어 운행한다고 보았기에 좋은 기를 받아들여 잘 수양하는 것은 개인 인격의 완성에 있어서 핵심이라고 본 것이다. 한 치의 오차도 없는 자연의 기의 엄정한 운행과 조화는 개인의 엄격한 도덕적 완성과 실천에 있어서 매우 중요한 요소이기 때문이다. 좋은 기를 모으고 향상시킨다는 것은 인격의 도야와 도덕적 이상형이 되는데 핵심이다. 성인은 좋은 기가 매우 많이 모여있는 사람으로 간주한다. 공순추는 기는 마음속에서 의를 모으는 것이고 의와 도가 함께 짝을 이루는 것으로 간주된다. 즉, '기(氣)-의(義)-도(道)' 가 결국은 하나라는 것이다. 성리학적 관점에서 한 인간의 도덕적 완성은 의(義)와 좋은 기(氣)가 합일되어 자연의 흐름에 거스름 없이 도의 경지에 이르는 것이라고 말한다. 기속에서 도덕과 의는 세계의 운행만큼이나 한 치의 오차도 없이 정확하게 결합되고 운행된다. 맹자의 이상적 인간상인 대장부는 호연지기의 도덕적 완성이 이루어져 좋은 기운을 숨기려 해도 자연스럽게 넘쳐흐르는 사람이다. 동북아의 사상적 관점에서 이러한 이상적인 인격의 인물이 정치 권력을 갖게 된다면 자신의 사리사욕에 빠지지 않고 백성들을 위해 도덕적 통치를 수행할 수 있다고 간주했다.

심학(心學)으로 대표되는 불교의 마음의 수양 개념은 맹자의 사단의 개념과 긴밀하게 연결될 수 있다. 측은지심 등의 사단으로 대표되는 마음의 개념은 인간이라면 가져야 할 응당 도덕적 마음이며, 이것을 리로 확장시켜 마음의 도덕적 윤리학으로 발전시켰다. 성리학은 실천과 행동을 통해 도덕적 이상국가를 통치하기 위한 마음의 도덕정치학에 있어서 근본적인 토대를 만들어 주자가 성리학을 정립하는데 거의 직접적으로 도움이 되었다.

–노장(노자, 장자) 사상의 대립적 특성

노자와 장자의 사유(노장사상)는 여러 가지 측면에서 공, 맹 사상과 대립적인 특성을 보인다. 공자와 직접적으로 같은 시대를 살았던 노자의 사유는 서양사상에서 데카르트와 스피노자의 사유와 유사하게 사상의 대립적인 특성을 보이며 사유의 흐름을 형성하고 있다.

1권에서 살펴보았듯이 공맹의 사유와는 다른 대척점에 서 있는 노자의 무위자연의 특성과 주역, 음양오행 등 거대한 동양적 세계관은 유, 불, 도의 융합에 있어서 주자학에 많은 영향을 주었다. 공자와 맹자의 사상과 노자, 장자의 사상은 여러 가지 측면에서 대립적인 면모를 보인다. 인위적인 도덕적 율법을 강조하는 공, 맹과 스스로 자연스럽게 행하는 무위자연의 순리와 세계의 운행 법칙을 강조하는 노장사상은 그 특성상 대립적일 수밖에 없을 것이다. 그럼에도 불구하고 노장사상은 도교의 사상에 있어서 핵심적이다. 노장사상은 민간에서 자연의 흐름에 따라 순리에 맞추어 삶이 이루어지는 방식에 대해서 논하고 있고 미신의 요소들이 포함되기는 하지만 거대한 동북아적인 세계관을 반영하고 있다. 이와 함께 노장사상은 샤머니즘, 토테미즘, 범신론적 자연관 등 다양한 민간요소들을 포용하여 만들어지는 도교의 특성을 반영하고 정립하는데 큰 역할을 했다. 역설적으로 주자학(성리학)에서 공맹과 노장사상의 병립은 학문의 자유와 다양성을 포용하고 상호 영향을 주며 공존하며 발전했던 동북아 사상의 통합적 특성을 보여주는 것이라고 할 것이다.

'지중해 세계에서 헬레니즘과 헤브라이즘이 양 날개를 형성했듯이, 노자의 사유는 공자의 사유와 더불어 동북아 세계의 양 날개를 형성하게 된다. 공자가 중원의 사유이자 합리주의, 문화 세계를 대변한다면, 노자는 남방의 사유이자 낭만주의(동북아적 뉘앙스에서), '자연 세계' 를 대변한다. 동북아의 지식인들은 낮에는 공자와 더불어 정치를 행하고, 밤에는 노자와 더불어 자연에의 회귀를 꿈꾸었다고 하겠다.' [4]라는 의견처럼, 공자와 노자의 사유는 여러 측면에서 대립적인 특성을 보였고 정치적인 측면에서도 대립적인 면을 보이며 향후, 사상사에서 다른 방면으로 계속해서 되살아나면서 대립해왔다. 그럼에도 불구하고 이들의 사유는 마치 낮과 밤과 같이 혹은 빛과 그림자와 같이 공존하며 동북아 사상의 지형을 만들어왔다. 노자의 사유는 공자와 대립하면서 현묘한 형이상학을 지향했지만, 또한 동시에 그러한 형이상학에 근거해 뚜렷한 정치적 입장을 전개하고 있었다. 노자와 달리 장자는 사회와 정치에 관심을 두려고 하지 않고 노자가 혼란한 세상을 구하고자 했던 것과는 달리 은거(隱居)하며 유유자적한 자연과의 일상생활을 중시

4) 이정우, 세계 철학사2, 길, 2018, p266

했다. 그래서 죽림칠현과 같은 도가적 인물들은 자연을 소요(逍遙)하며 도피했지만, 현실에 대한 적극적인 투쟁에 있어서는 소극적이었다. 장자의 역설의 특징과 현실을 초월하여 다른 차원을 사유한 장자는 건축 부문에 있어서 역설적인 기능의 쓰임새와 공간의 의미에 있어서 중요하며, 노자와 함께 이성적인 측면에서는 쉽게 생각할 수 없는 중요한 가치를 일깨운다는 측면에서 공맹 사상만으로 채울 수 없는 동북아적 세계관과 통합의 중요한 논리를 제공했다.

0303 순자 및 법가의 철학과 국가체계 성립의 의미

순자와 법가는 인위적인 예절과 국가관, 정치철학을 정립한 공, 맹 사상을 기초로 하는 유교사상을 계승, 발전시켜 진나라의 천하통일에 실질적으로 기여한 학파이다. 공맹 사상에 근거하면서도 순자 및 법가의 사상은 자체적인 학문적, 정치적 특징을 보이고 있다. 특히 현실에 근거한 사상의 발전을 이루었다는 측면에서 사상과 실제가 함께 이루어진 실질적인 학문체계를 만들었다는 점에서 의의가 있다.

—순자의 실천 유학

순자 하면 '성악설(性惡說)'이 가장 먼저 떠오를 것이다. 순자가 활동하던 시기에는 국가들이 사분오열되어 난립된 상황에서 상호 합종연횡이 빈번했다. 부국강병과 국가의 개입을 추구한 순자는 당대 정치계와 학계에서 위대한 유가 사상가로 인정받은 학자였다. 순자는 성악설의 입장에서 공자, 맹자를 이단적으로 평가했으며 정치적인 면에서 현실적인 대우를 받았다. 그는 많은 식객(정치적 망명자)을 거느렸는데, 순자는 식객들을 거느리는 자산가, 재력가이자 국가의 제사를 지내는 제주(祭主, 제사의 주)로서 보스의 역할을 했고 그에 어울리는 대우를 받았다.

순자는 성악설에 근거하여 예치주의(禮治主義)를 주장했다. 진(秦)나라의 재상 이사(李斯)와 한비자(韓非子)가 그의 제자이다. 공자는 각 귀족 사이의 인간관계, 정치적 관계와 순리(順理)에 도움이 되는 도덕적 법도와 예절 그리고 사회질서에 대한 체계를 세웠다. 그것은 전체 유학의 근본적인 목적이기도 하다. 유학은 정치철학이면서 사회 및 교육철학이다. 이로써 그는 예치를 세우고 교육시스템을 정립한 ' 만세의 사표 '가 되었다. 또한 인간 전체를 아우르는 생활 예절의 철학을 세웠다. 순자 역시 이러한 공자의 유학으로부터 시작했지만, 이것을 비판적으로 계승하면서 유학의 내용을 집대성했다. 특히 순자는 진시황제의 법치를 중시하는 한비자를 길러낸 스승으로서 전국시대를 끝내고 중국을 통일하는데 실질적인 사상적 기초를 제공했다는 점에서 중요한 인물이다. 그는 '왕도(王道)' 를 매우 중시했으며, 예의로 질서를 잡아가는 예치(禮治) 국가를 강조한다. 그래서 순자의 철학은 관념적인 철학이 아니라 이론의 대안이 될 수 있는 실질적이고 실천적인 철학이다. 어떻게 보면 그의 사상은 냉혹하고 철저한 법치를 주장하지만, 그것을 넘어 더 큰 차원에서 새로운 인류의 질서가 무엇이며 공동선을 위해 어떤 것이 바람직한지에 대한 실질적 대안을 제시한다.

순자는 현세의 군주를 지극히 존중하고 신분적인 질서 하에 도덕적인 국가를 만들어야 한다고 역설했다. 이를 위해 인위적인 통제를 통해 폐단을 조절해야 한다고 주장한다. '순자' 하면 대표적으로 떠오르는 키워드는 '성악설' 인데, 인간은 본질적으로 이기적이고 악하므로 적절한 인위적 개입으로 통제함으로써 이기심으로 나타나는 여러 가지 폐단을 막을 수 있다고 보았다. 순자의 성악설의 요지는 '인위적 예의' 를 강조하는 것이다. 여기에서 더 나아가 정부의 인위적 개입을 중시하고 적절하게 통제하여 조절하려고 한다. 맹자의 성선설은 인간의 자유의지에 따라 질서가 유지될 수 있다고 보는 것과는 달리, 성악설은 군주의 개입 명분이 명확해진다. 순자에게는 개인의 자유보다 국가권력의 개입이 우선이었다. 그에게는 사회 질서를 성취하기 위해 인위적 명분이 중요하며 원만한 집단생활을 가능하게 하는 사군(使群) 기능이 어떻게 성취될 수 있는가가 중요한 핵심 명제였다. 천지 만물은 자연에 의해 나왔지만 이를 조화롭게 만드는 것은 인위적인 개입이 필요하다고 본 것이다. 인간은 타고난 본능과 욕망에 이끌리고 결과가 이기적이고 악하기에 그대로 놔두면 악한 결과를 만들어 낼 뿐이라고 보았다. 이 때문에 인위적인 예의와 질서가 개입되어야 한다고 본 것이다. 중심에는 '인위(人爲)' 가 있다. 순자의 인식론에서는 소극적으로 맑고 깨끗한 마음이 가려져 한쪽으로 치우치는 폐단을 인위적인 예를 통해 극복하고자 하는 해폐(解蔽)와, 적극적으로 인위적인 명분을 바로 세워 공공 인식에 도달한다는 '정명(正名)' 이 가장 중요하다.

순자는 무언가 의도를 가지고 선한 행위를 한다면 칭찬받을 수 없다고 비판한다. 하늘은 하나의 물체, 천지 운행의 결과일 뿐이라는 주장을 한다. 기본적으로 맹자는 호연지기(浩然之氣) 즉, 하늘로부터 나온 본성은 선한 것이고 그러한 것을 통해 선한 군자를 만들 수 있다고 보았다. 그러나 순자가 주장하는 성악설의 입장은 홉스와 같이 인간은 동물과 다를 바가 없이 욕망과 이기심에 이끌리며 본성은 악하다는 것이다. 예를 들어 서양 근대철학자 홉스는 인간의 본성 자체는 악하고 동물과 다를 바가 없다고 간주한다. 즉, 그는 인간사회가 '만인의 투쟁 상태' 에 있음을 강조하고 이것을 극복하기 위해 국가와 계약을 맺고 대리자에게 권력을 위임함으로써 악한 본성의 구제가 가능하다고 보았다. '위(爲)' 라는 한자는 '원숭이가 나무에서 열매를 따려는 장면' 을 형상화한 것으로 서구의 칸트의 자유의지와 매우 유사하다. 순자의 자유의지에 대한 측면을 엿볼 수 있는 부분이다. '위(爲)' 의 개념은 능력이 있으면 무언가를 일으키는 능력이 강하므로 신분을 뛰어넘을 수 있는 매우 진보적 사유이다. 우리나라의 경우 조선 초기는 신분제에 있어서 매우 진보적인 사회였지만, 조선 후기에 이르러서는 신분제가 세습제로 정착되면서 급격하게 보수화된다. 중국의 경우, 한나라의 여불위(상인)는 상인으로 성공한 대부호로서 그의 신분적 특성상 귀족제의 신분제보다는 능력제를 원하였을 것이다. 이후 등장한 당나라의 경우와 같이 상업 중심사회에서는 능력제 위주의 순자의 사상이 우세하게 되었다.

순자는 사회성과 질서를 중시했던 성왕(聖王)을 도덕적 목표로 하기에 군주의 지위는 존중되어야 하고 군주 역시 그에 맞는 행동을 해야 한다고 주장한다. 즉, 순자가 생각하는 군주는 나라를 다스리기에 지혜롭고 인격적으로 완전해야 한다. 또한 규범을 준수하여 왕도를 실천해야 한다. 이러한 부분은 맹자의 영향을 엿볼 수 있는 지점이다. 따라서 순자는 현명한 관료의 임용, 외재적 규범의 확립, 구체적인 복지정책 등을 통해 보편적 법칙인 예치를 실천하는 패도(覇道)정치를 긍정한다. 한 사람의 정치 스타일보다는 원칙에 의한 체계적 통치를 중시하는 것이다. 순자는 외적 예의와 내적 심성의 조화를 강조하였다. 순자는 다른 유가의 학자와는 달리 현실 정치인이었으며 유학의 전파에 지대하게 공헌했다. 그의 사상은 제자들로 이어지고 발전하여 진을 거쳐 한나라에 이르기까지 발전하게 되었다. 따라서 유학 경전은 한나라의 정치 및 관료의 이데올로기가 되었고 관료의 선발에 있어서 순자의 제자들에 의해 『시경』과 『춘추』, 『예기』 등이 주요 경전으로 채택되었다. 이후, 그의 사상의 영향으로 체계화된 문자 텍스트에 의한 통치가 중시되었고, 그것이 중심이 되어 실천하는데 영향을 끼쳤다. 공자가 유교의 토대를 구축한 역할을 했다면 순자는 '예의' 라는 도덕의 틀을 중심으로 실천을 통해 변화하도록 촉구하여 사회철학적인 유학 발전의 공이 크다. 또한 예치를 위해 군주의 지위와 권위를 철저하게 인정함으로써 인위적 개입에 의한 강력한 중앙집권 국가를 수립하는데에는 도움이 되었다. 그러나, 독재의 위험성에는 취약했다. 혹독한 법치주의를 강조하는 것이 그것이다. 또한 성악설로부터 어떻게 성인이 출현하는지에는 논리적 한계가 있음에 대해서 비판받고 있다. 성리학이 발전하면서 순자는 의도적으로 배제되었다. 어진 마음으로부터 발현되는 이상적인 '의(義)의 정치' 를 표방하는 조선의 성리학의 특성상, 인위적 개입의 성악설의 논리가 거부된 것이다. 그러나 인위적 조절과 관리에 있어서 탁월한 순자의 사유는 다른 이질적인 사상과 접목하여 새로운 무언가를 만들어낼 때 매우 적합한 사유라고 볼 수 있다.

순자는 인간의 본성과 본능, 욕망, 이기심으로부터 나오는 악한 특성을 인위적인 법률로써 통제하여 질서를 확립시키는 사회를 꿈꾸었다. 그것은 당시의 혼란스러운 정치적 특성에서 기인한 것이었다. 맹자의 본성은 이성을 의미하지만, 순자의 본성은 이처럼 인간의 저급한 욕망과 본능을 함께 의미한다. 순자는 이러한 본성을 억제하고 통제하기 위해 후천적으로 교육이 필요함을 역설했다. 정치적으로 혼란했던 중국을 통일하여 평화를 이루고자 했던 순자는 '군거화일(群居和一)' 5)과 '예의'(禮義)라는 수단을 제기하였다. 그의 사상사적 위치는 종종 서양 철학의 아리스토텔레스에 비교되기도 한다. 그만큼 순자의 사상은 다양한 사상들을 수용하고 포괄하고 있으나 사상적으로는 유교의 학풍을 잃지 않고 있다. 그의 사상은 진나라를 거쳐 한나라에서 주요한 국가적 통치이념으로 자리잡게 되었다.

―법가(한비자)의 철학

법가는 한비자 및 이사가 완성했으며 한비자는 순자의 제자라는 설이 유력하다. 법가는 혼란했던 춘추전국시대의 통일을 추구했는데, 마치 서구에서 이탈리아의 마키아벨리아와 같이 중국의 통일을 추구했다. 한비자 등의 법가의 내용은 순자의 성악설의 계보를 잇고 있다. 형이상학적인 양심을 믿는 맹자의 성선설과는 달리 순자(유가)의 예치, '화성기위(化性起僞)' 6) 즉 인간의 본성은 변할 수 있다고 생각한다. 즉, 법가는 본성은 변하지 않으나 길들이는 것으로 생각하는 것이다.

유가는 민본을 중시하지만, 법가는 민본보다는 백성을 통제하고 길들여서 중앙집권적 국가의 설립을 통해 질서와 평화를 확립하는 것을 중시한다. 법가는 혼란으로 인해 나타나는 고통과 전쟁으로부터 벗어날 수 있는 실질적인 실천적 사상이다. 묵가 시대에는 그만그만한 나라들이 난립하여, 한 나라가 다른 나라를 치게 되면 그것을 막기 위해 그들이 침략받는 나라를 도와 전쟁에 참여함으로써 막아준다는 개념이었다. 그러나 진나라가 통일하는 시기에는 진나라가 거대하게

5) 천자, 제후, 사대부, 관인백리(官人百吏), 서민이 직분에 따라 일을 하고 각각 그 '직분'(職分)에 만족하는 질서를 말한다.
6) "성인은 본성을 변화시켜(化性, 화성) 인위를 일으킨다(起僞, 기위)." 라는 인위적인 예의는 성인이 만든 것이라는 의미이다.

하나의 나라로 존재하고 6개의 중소국가가 있었는데, 6개의 국가는 거대한 진을 막기 위해 합종연횡을 하면서 대립하고 있었다. 법가는 이러한 상황을 극복하고 강력한 전제국가가 등장하여 통일하기 위해서는 지금까지와는 다른 방향성의 국가가 필요하며, 이를 위해 통합적인 사상이 필요하다고 주장하고, 법가의 사상은 서양의 마키아벨리 사상을 떠올리게 하는데, 마키아벨리는 전제군주는 사자와 같은 용맹함과 무자비함과 여우와 같은 권모술수가 필요하다고 역설했다. 이와 유사하게 법가는 법과 술이 필요하다고 주장했는데, 법(法)은 명명백백하여 누구나 명령을 쉽게 따르도록 체계화하는 것이 필요하다고 주장했다. 술(術)은 왕과 같으며 그것은 암(暗)과 같다고 보았다. 결국 왕 이외에는 아무도 모르게 술수를 써서 다스리는 기법이 필요하다는 것이다. 율령을 반포(법제정)하는 것은 중앙집권이 전제되면서 법이 만인에게 평등하게 적용됨을 의미한다. 법가는 대단히 현실적인 정치를 추구했으며 법가가 추구하는 세계관은 귀족 권력이 힘을 잃고 중앙권력(군주의 권력)이 높아지는 것을 추구한다.

그러나 왕의 권위가 확립되고 높아진다고 해서 그것이 왕이 법을 어겨도 된다는 것은 아니다. 법은 객관적이고 공정해야 그 권위가 확립되는 것이므로 법 앞에서는 왕도 타인의 이목을 신경쓸 수밖에 없게 된다. 물론, 당시의 법이라는 것이 근대의 엄격하고 합리적인 법체계와는 다른 것이지만, 동북아 세계에 '공정성'의 가치를 가져왔다는 점에서 의의가 있다. 당시에는 공맹 사상의 명분과 가치가 중심이 되는 이상적 국가의 가치를 설정하고 실질적인 변화를 만들어내기 위해서는 현실에 근거한 이론, 현실에 근거한 법체계의 설정과 강력한 실행이 중심이 되어야 했다. 로마제국 역시 이러한 특성이 중심이 되었을 때 세계적인 제국이 될 수 있었던 것과 같이 순자와 법가의 이론은 실질적인 제국의 요건과 통치기반을 만드는데 결정적인 기여를 하게 되었고, 고대 유교를 중심으로 다양한 사상을 포용하는 동북아적 세계관의 저류지로서 주자학(성리학)이 역할을 할 수 있는 근본적인 토대가 되었다는 점에서 중요하다.

–소결

고대 유교에서 기초를 정립한 공자의 학문은 엄밀하게 이야기하면 당시의 귀족의 통치학 혹은 매너학을 강조한 것이었다. 이를 위해 그는 이상적인 인간상으로서 군자(君子)를 내세웠다. 공자의 사상에 큰 영향을 받은 맹자는 성선설을 주장했으며 대장부의 이상적인 인간상을 주장했다. 그는 사단설을 통해 성선설에 입각하여 인간의 심성에서 자연스럽게 발현하는 이성적인 질서를 추구했다. 여기에서 특히 중요한 점은 맹자의 사상이 '호연지기'를 내세우며 동양적 세계관에서 중시하는 기를 중심으로 하여 불교의 마음 수양론과 연계되는 '사단'의 개념을 추구했으며 의(義)의 실천을 강조했다는 점이다. 이 부분에서 '기(氣)-의(義)-도(道)'를 결합하는 유, 불, 도가 융합되어 성립된 주자학(성리학)의 특성을 미리 예견할 수 있다. 공자의 체계적, 구축적 사유와 근본적으로 대립하는 노장(노자, 장자) 사상은 공통적으로 도의 개념을 통해 자연스러운 세계의 법칙에 따르고 거스름 없이 순리에 따르는 무위자연(無爲自然)의 삶을 강조했다. 이를 위해 상선약수(上善若水)의 의미와 같이 행하라고 강조한다. 다시 말해, 마치 높은 곳에서 낮은 곳으로 자연스럽게 흐르는 물과 같이 모든 일이 이러한 방식으로 자연스럽게 운행하는 것을 가장 바람직한 것으로 보았다.

전국시대에 순자(성악설)는 현실주의자, 법치주의자로서 인간세계에 인위적인 개입을 통해 질서를 부여해야 하며, 인간의 악한 본성(본능, 이기심, 욕망)을 제어하기 위해 적극적인 교육과 개입이 필요하다고 역설했다. 순자의 제자인 한비자(법가)는 엄격한 법치와 국가 시스템의 확립을 주장하여 진나라의 통일사상의 주요 사상을 만들어 중국의 통일에 큰 역할을 했다. 이후, 송에 이르러 성리학(性理學)은 격물치지(格物致知)의 개념을 통해 하나의 사물의 이치를 통달하면 세계 전체의 이치를 깨닫게 된다는 것을 강조했는데 이것은 유교(도덕학, 정치학)와 불교의 세련된 인식론 그리고 도교의 음양오행과 기의 개념, 그리고 주역(氣, 陰陽五行, 周易)의 동양적 순환구조 등의 세계관이 통합되어 전체적인 철학 체계를 완성한 것이었다.

이런 공맹의 계보의 흐름과는 달리 노장사상은 노자, 장자의 사상과 함께 주술적(샤머니즘, 토템미즘) 특성 그리고 점술이 포함된 것이었다. 특히 고대 유교에서 부족했던 세계에 대한 철학적 이해를 동양적 가치가 녹아있는 음양오행 사상(동양적 세계관)과 주역의 세계관을 통합하여 거대한 동양적 철학 체계를 완성했다. 물론, 도교적 특성에는 주역(점), 방중술(sexual), 도인술 등 원시 종교적, 기복적 신앙의 요소들이 공존하고 있다. 그러나 신유학으로 별칭되는 주자학은 도교의 비이성적인 요소를 제거하고 철학적 가치가 있는 요소들을 적절하게 취합하여 존재론, 인식론, 세계관을 적절하게 결합시켜 강력한 철학 체계를 선보였다. 또 위정자들은 이를 사상적 토대로 사용하여 유교적 관점에서의 강력한 이데올로기 도그마(dogma)를 확립하여 사회를 통치했다.

주자학은 송 제국 시대 이후부터 전개된 유학의 새로운 경향이며 고대 유교의 가치와 학문적 특성을 다시 연구하여 그동안 불교에 의해 단절된 학문적, 철학적 가치를 되살리고자 했다. 마치 서양에서 신고전주의와 같이 고대 그리스로 되돌아가자고 주장하며 학문적 표현적 순수성을 강조했던 시기와 유사하다고 할 수 있다. 이후 주자학(성리학)으로 대표되는 신유학(新儒學)의 세가지 흐름은 리학(理學), 심학(心學), 기학(氣學)으로 대표되는데, 신유학의 핵심적인 개념은 리(理), 기(氣), 심(心), 성(性) 등이다.

인간과 우주의 일치라는 개념은 세계의 대부분의 철학과 종교에 있어서 공통적으로 나타나는 현상이다. 인도의 범아일여 사상은 중국 도교의 도의 개념과 무위자연 및 자연과 함께 하는 삶을 중시하는 공통분모를 가지고 있다. 그러나 동북아 사유는 극단적으로 흐르기보다는 균형의 삶, 즉, 중용의 덕을 중시했다. 한쪽에 힘을 실어주기보다는 양쪽을 둘 다 폭넓게 관용적으로 취하면서 대립의 요소를 제거하고 조화를 중시한다. 함께 거(居)하지만, 폭력적으로 배제하지 않는 것은 현세적이고 실용적인 동북아 사상의 특징이다. 유, 불, 도가 서로 경쟁하고 논쟁하였지만, 폭력적인 사태는 거의 나타나지 않았다. 여기에는 올바른 인간적 삶을 중시하는 동북아인의 인본의 태도가 나타난 것으로, 유교는 인위적인 예의와 질서를 중시했다. 노장사상은 자연의 순리에 맞추는 것이 올바른 삶이라고 본 차이가 있을 뿐, 순리를 거스르지 않으려고 한 것은 유사하다. 동북아 사상에서 조화와 절제는 행복에 있어서 필수적인 요소라고 본다. 개인적인 성향이 강한 서양은 인간과 자연(세계)의 관계를 고찰하는 반면, 동북아의 사유는 이러한 요소를 가족과 더 큰 사회 그리고 국가의 '관계' 속에서 바라보는 경향이 강하다. 그래서 전체를 항상 고려하여 세계를 바라보는 것이 가장 큰 특징이다. 그러한 방향성은 이후, 전체주의적 속성으로 나타나는 폐해의 역사를 보이기도 했다. 일본이 제국주의에 전도되고 중국이 공산주의 사상에 전도되었던 것도 전체주의적 사고에 쉽게 오염된 까닭으로 볼 수 있다. 고대 유교는 후대에 학문의 다양성이 분화되어 신유학인 주자의 성리학으로 통합되며 발전되는 사상의 기본적인 토양이 되었다는 점에서, 그리고 동양적 가치와 함께 정치철학, 윤리학의 사회적 기틀의 학문적 토대가 되었다는 점에서 중요하다.

도교중심의 유교 재해석과 복합화

앞서 언급한 바와 같이, 고대 유교의 제자백가 시대를 거친 이후, 도교 및 불교는 각자의 입장과 시각을 중심으로 하여 상호 경쟁하며 융합되면서 발전하기 시작했다. 각 종교가 공존하면서 복합화되는 양상은 인도 및 동북아 사유의 특성이기도 하고 일정부분 다양성을 인정하는 측면에서 장점으로 작용하기도 했다. 이제, 제자백가 시대의 고대 유교를 거쳐서 어떻게 도교를 중심으로 유교를 해석하는 경향이 발전했는지에 대해서 살펴보기로 하자.

0304 동중서의 도교적 유교 재해석

한(漢)나라가 개국하던 시기는 진나라의 지나칠 정도로 강압적인 통치(중앙집권적 군현제)와 이후 초나라와 한나라와의 계속된 전쟁으로 도탄을 경험한 때였다. 이로 인해 백성들의 피로감이 극도로 심했던 상황이었으며, 지방 세력들의 저항도 강했던 분위기였다. 따라서 당시에는 지방별로 봉건제와 독립성이 절충된 '군국제'를 실시하고 여러 사상을 관용하는 분위기가 있었다. 한나라 초기에 사상의 흐름은 도가(道家)를 중심으로 하는 황로지학(黃老之學)이 주도권을 잡았다. 백성들과 지방 세력의 피로감을 어루만지며 간섭하지 않고 순리대로 통치하는 '무위(無爲)의 정치'를 기본으로 했기 때문이다. 한나라 황제인 이 씨의 조상으로 섬겨지는 노자의 사상이 기본이 되어 유교 정치를 실시했던 것이다. 동북아에서는 도와 법이 연속적이다. 황로지학(黃老之學)은 도에서 법이 나오는 형이상학적 개념과 과정에 집중한다. 백성을 지배하고 통치하는 법은 '도(道)'로부터 나와야 한다는 것이다.

'춘추(春秋)' 를 전공한 동중서의 사상은 결국 유교가 중국 문명의 핵심으로 자리 잡게 하고 유교 국교화의 길을 확장시키는데 큰 역할을 했다. 한나라 무제(漢武帝)는 동중서의 건의에 따라 유교를 진흥시켰는데, 오경박사를 두고 태학을 설립하면서 유교의 국교화를 적극 추진했다. 한 무제 또한 유교를 장려하기도 했지만, 동시에 그는 진시황처럼 불로장생을 추구하는 등 도교의 주술적 측면도 함께 중시했다. 당시 현학의 학자들과 죽림칠현과 같은 도교적 인물들은 도교 철학과 유교 철학을 통합시키고자 했다. 새로운 천하통일을 눈앞에 둔 시대에서 새로운 정초를 꿈꾼 현학자들과 이미 썩어버린 유교 제국에 맞서 그것으로부터 탈주하고자 한 죽림칠현(竹林七賢)들 사이에는 큰 사상적 차이가 있었다.

동중서가 사상적으로 중요한 것은, 중국 전통의 음양 사상과 유교 사상을 통합하여 음양의 원리를 도덕원리로 해석하여 그 원리를 정치에 최초로 적용했다는 점에 있다. 다시 말해, 도교적 가치와 주역의 세계관을 유교적 가치에 녹여 유교 국가에서 왕권을 견제하며 통치하고자 하는 통합적 사상으로 발전시켰다는 점에 있다.

동중서의 대표작인 『춘추번로』는 한대(漢代)의 정치, 도덕 등에 관한 글이다. 그는 사상적으로 왕이 올바르게 통치하지 않으면 재앙이 찾아온다는 '재이설(災異說)' 을 주장하며 음양오행설과 연계시켰다. 그는 정치와 동북아 세계관(도교)을 연결시켜 도덕 통치학의 개념을 처음 정립한 공로가 크다. 사상과 현실의 통치원리가 직관적으로 대입되어 적용할 수 있는 길을 처음으로 연 것이다. 그는 음양오행에서 '토(土)' 를 오행의 중간 위치에 배치하여 왕조를 상징하도록 하여 '중용의 통치' 를 해야 함을 도덕적 원칙으로 삼아 제왕의 권력을 적절하게 통제할 수 있도록 했다. 특히 그는 '천인감응설(天人感應說)' 을 주장했는데 천인감응설은 자연현상과 사회현상 사이에는 떼어낼 수 없는 긴밀한 상관관계가 수립된다는 논리의 설(說)이다. 이를 통해 동중서는 하늘이 최고의 신이고, 하늘이 인간을 창조했다고 주장하여 하늘의 인격화를 통해 세상의 운행과 통치의 논리를 세우는데 크게 기여한다. 다시 말해 음양가의 이론을 유교에 적용하여 세상 만물이 모두 음양오행의 규칙에 따라야 하며 제왕의 통치 역시 자연의 순리에 따라야 한다는 논리를 구축했다. 이른바 도교적 세계관을 바탕으로 하여 유교식 통치를 복합화한 사고체계를 선보인 것이다. 왕이 세계의 운행 법칙을 세밀하게 고려하여 함부로 권력을 휘두르지 말고 삼가하면서 통치하는 시스템을 생각하여 권력의 견제를 추구하도록 한 것이다. 유학은 정치철학 혹은 윤리학에 머무르고 있었고 음양가는 동양적인 물리적 세계관에 머물렀는데, 동중서는 이를 결합하여 통합시키는 철학 체계를 선보였다. 동중서를 비판하는 학자들은 동중서가 비과학적인 관념에 사로잡혀 자연(동양적 세계관)과 사회를 혼동하여 체계화한 것이라고 비판하기도 한다. 그러나 적어도 동중서의 정치철학은 기존의 윤리학에 머무는 것이 아니라 정치계급이 세계의 순리(順理)를 따르지 않고 대의명분이 없이 제멋대로 통치하는 것을 적절히 통제하는 역할을 하는데 사상적으로 중요한 기초를 정립했다는 점에서 의의가 있다. 정치철학과 동양적 세계관의 창조적인 통합은 다양한 외적 변수의 요소들을 통합하여 능동적이고 유연하게 건축을 생성시키는데 있어서 성리학의 종합과 한국적 건축의 통합적 특성과 연계된다.

—왕충(王充, 25~220)의 비판과 유물론적 특성

유교, 도교가 끼친 긍정적 측면도 있으나 부정적 특성 역시 무시하지 못하는데, 왕충은 이를 신랄하게 비판한 유물론자이다. 그의 주장은 유교와 도교가 부족한 부분에 대한 반성을 통해 향후, 주자학이 추구했던 유, 불, 도 삼교의 통합의 이유를 가늠할 수 있게 된다는 측면에서 살펴볼 가치가 있다.

왕충은 후한(後漢) 시대(25~220)의 특이한 유물론자(唯物論者)로서 공자, 맹자를 비판했기 때문에 이단시되어 정당한 평가가 내려지지 못한 철학자이다. 그는 철저하게 반속정신(反俗精神)을 중심으로 하여 자유주의적 사상을 강조했다. 그는 동중서의 영향을 받아 당대에는 '하늘에는 합목적적 의지 활동의 능력이 있고 이것이 사람의 일에 영향을 끼친다.' 라고 하는 천인상관설(天人相關說)과 미신적 예언설인 참위설(讖緯說)이 유행했다. 그는 이를 격렬하게 비판하고 오늘날의 관점에서 철저하게 물질적인 측면, 즉 유물론적인 관점에서 세상만사가 필연적으로 '기(氣)' 의 작용으로 발생한다고 생각했다. 그의 사상은 한 대의 미신적인 특성이 강한 음양가와 결합된 유교의 사상을 타파하는데 기여했다. 실제로 그는 이설(異說)을 변증법적으로 또 논리적으로 타파하는데 노력했다.

그는 주요 저서 『논형(論衡)』을 통해 당시 교육의 갖가지 폐단을 신랄하게 공격했고 당시 주류였던 유가의 공맹 사상의 허술한 부분을 맹공격했다. 그래서 그는 성인의 절대화에도 반대하는 입장이었다. 그는 "옛 것을 그대로 믿어 자기주장을 내세우지 못한다면 사물의 현상에 대해 제대로 해석할 수 없다."라고 지적했으며 "따라서 허무맹랑한 글과 허투루 전하는 것은 버리고, 진실된 글은 남긴다."라고 주장하며 옛것에 대한 비판을 지속했다. 특히, 노장사상에서 주역과 음양오행의 세계관이 주술과 미신의 측면이 상당 부분을 차지하고 있는 현실에서 통치의 영역 자체가 일면의 미신적인 측면에 좌지우지되었던 당시의 폐해를 합리적인 방식의 시각으로 비판하고 보완했다는 점에서 의미가 있는 사상가이다. 그의 사상은 철저하게 유물론적이고 실질적이어서, 오늘날의 자연주의적 관점에서 보았을 때 당시의 주류의 형이상학적이고 현학적인 학문적 태도를 비판하고 균형을 이루게 만들었던 학문으로 의미가 있으며 학문적 다양성의 측면에서 주목받고 있다.

0305 현학(황로지학)과 왕필의 철학

통일제국인 진나라 시기에 유교는 도덕 실천의 학문으로 정립되었으나 진시황제(秦始皇帝)의 분서갱유(焚書坑儒)로 한차례 큰 시련을 겪게 된다. 그 이후, 한나라 시기에는 옛 고대 유교의 경전을 다시 정리하고 새롭게 시대적 상황에 맞게 복합화되고 발전하게 되는데 그것이 바로 현학(황로지학)이다. 불타버린 경전을 다시 수집, 정리, 분류하고 연구하여 해석하는 훈고학(訓學)이 발전하게 되었던 것은 당연하다. 이때 노장사상의 음양가의 내용과 일부 초기 불교사상이 접목되면서 복합화되어 현학이 등장하게 된다.

—**현학**(Neo-Taoism, 玄學)

현학(玄學)은 한나라 이후 위(魏), 진(晉) 시대에 나타난 철학 사조로 노장사상을 중심으로 유교 경전들을 해석하여 난해한 형이상학적인 철학을 정립했다. 현학이라는 명칭은 삼현(三玄)이라고 불리는 '노자의 도덕경(道德經)', '장자(莊子)', '주역(周易)'의 연구와 해설을 중심으로 사상을 전개한 것에서 이름이 붙여졌다. 현학을 간단히 말하면 '자연과 명교(名敎)를 회통시키는 철학 사상'으로 정리하여 말할 수 있을 것이다. 여기에서 '명교(名敎)'는 유교의 다른 이름으로, 명분을 분명히 하는 가르침을 말하는데, 동중서의 입장과 같이 자연의 흐름과 정치적 명분이 함께 순리에 따라 이루어져야 한다는 입장으로 정리할 수 있다. 제국으로 가기 위해서는 천하통일이 필요하고 한편으로는 통치이념 혹은 거대한 우주론 그리고 존재론의 형성이 필요하게 된다. 현학은 이러한 사상사적인 니즈에 의해 발동된 것이라고 할 수 있다.

여기서 현(玄)은 인간의 인식을 넘어서는 우주의 기원과 생성원리 등을 탐구하는 철학적 사상의 현묘함에서 기인한 것이다. 정치철학과 윤리학에 머무르는 유교 경학(經學)의 한계를 극복하고 새로운 시대에 맞는 새로운 철학 및 통치 사상을 정립하기 위해 현학은 노장사상과 황로학파의 사상을 복합화시키는 작업을 수행했다. 복합화시키는 과정에서 현학은 복잡하고 사변적인 형이상학에 집중하여 일반인들의 이해를 뛰어넘는 어려운 학문체계로 발전하게 되는데, 오늘날 지나치게 사변적이고 어려운 학문이나 현실 세계에 적용하기 힘든 '학문을 위한 학문'을 지칭할 때 '현학적이다.'라는 표현이 걸맞게 된 것이다. 현학에서 '도(道)'의 개념은 존재와 무의 통일에 대한 논리 관계를 논하는데 이러한 논리와 주제는 일반인이 접근하기 어려운 개념이다. 이러한 방향성은 이후, 노장사상과 불교, 유교사상의 삼교를 이론적으로 통합하고 거대한 철학적 논변을 완성하는 주자학과 이후 주자학에서 갈라져 나오는 심학(心學)과 선학(禪學)에 많은 영향을 끼치게 된다.

대표적인 철학자 왕필은 현학의 시기에 주요한 천재적인 사상가로 여러 경전에 대한 주석서를 냈는데, 특히 노자와 주역에 대한 주석이 유명하다. 그는 세상만물이 운행하는 하나의 근본적인 원리가 도(道)이며, 이것이 곧, 무(無)라고 해석하고 본체를 무(無)에서 구하고자 하였다. 또 완적과 혜강은 도덕과 관습에서 벗어나 무위자연에 맡기면 빈부(貧富)와 강약(强弱), 선악(善惡)의 경계가 모두 사라진다며 유교의 명교(名敎)에 강하게 반대했다. 왕필은 도교적 기초 위에 유교를 새롭게 정립하는 작업을 선구적으로 수행한 것이다. 그러나 그의 노자 해석은 전체가 하나가 되어야 한다는 화엄 사상의 '일체 사상'과 신분 질서에 대한 강력한 결정론적 입장에서 해석한 것이었으므로 후에 제국의 전체주의적 사유에 즐겨 인용되고 오용되기도 했다.

현학은 "유와 무, 체와 용, 본과 말, 일(一)과 다(多), 언(言)과 의(義), 성(性)과 정(情), 독화(獨化)와 상인(相因), 명교(名敎)와 자연(自然), 무심(無心)과 순유(順有)" 등과 같은 이항 대립쌍등, 동북아 특유의 세계관에 입각하여 형이상학적 논리를 사유했으며 그것을 정치와 통치에 적용하고자 했다. 그것은 정치철학과 윤리학은 있으나 세계관 혹은 우주관과 실재의 영향에 관한 논리가 부족했던 유교 사상을 보완하는 측면이 있었다. 그러나 현학의 부정적인 측면도 있다. 현학은 도교적인 은둔과 사변적인 논리를 궁구하는 학문적 스타일로 말미암아 죽림칠현(竹林七賢)과 같이 속세를 떠나 유유자적하게 은둔하고 소요하며 사유하는 청담(淸談)의 풍조를 유행시켰다. 또 쾌락적 삶과 방관적, 허무주의적인 개인주의를 만연하게 하는데에도 영향을 주었다. 이러한 경향은 후에 동북아에서 정치적 입장에서 도태되거나 숙청당한 학자들이 낙향하여 은둔하면서 자연에서 소요하며 문학작품을 만드는 문화에 영향을 주었다. 그들은 자연과 벗하며 시와 잡문을 쓰면서 소일하는 은둔 문학과 소요(逍遙)의 행태를 보이며 문학적 저작을 생산했다.

0306 주돈이와 장재의 도교적 유교 재해석

주돈이는 중국 북송(北宋)의 유교 사상가로 우주의 원리, 인간성의 본질에 대해 고찰하여 후대에 동양적 세계관과 통치 철학을 결합하여 주자학의 기초를 세운 창시자로 인정되고 있다. 그는 성(性)과 도(道)와 같은 개념들과 도가(주역)와 불교의 주요 인식과 개념들을 복합화하여 우주의 원리와 맹자의 성(性)에 관한 형이상학적인 유학을 부흥시키며 신유학(新儒學)이라 부르는 주자학(성리학) 이론을 개척했다. 이후, 주돈이는 자신의 아들인 정호 및 정이 형제에게 학문을 전수했으며, 이후 주자(주희)에 이르러 주자학의 완성을 이루게 되었다. 그의 사유는 우주론에 해당되는 형이상학적 사유와 유학의 도덕론을 복합화하여 설명할 수 있다는 점이 장점이다.

주돈이의 사상에는 『태극도설(太極圖說)』이 가장 대표적이다. 그는 우주의 본원을 '무극이태극(無極而太極)' 이라 표현했다. 무궁무진하여 큰 것이 결국 태극이라는 것이다. 그는 이 우주관을 통해 '태극→음양→오행→만물' 이라는 구조로 전개됨을 다이어그램으로 제시하고 있다. 그는 고대 유학 사상에 음양오행 이론을 융합하여 세계의 운행원리인 천리(天理)와 특성(性)에 대해 분석했다. 태극은 결코 만물을 초월하여 있지 않고 오히려 모든 만물에 내재한다. 그의 가장 큰 업적은 후에

1

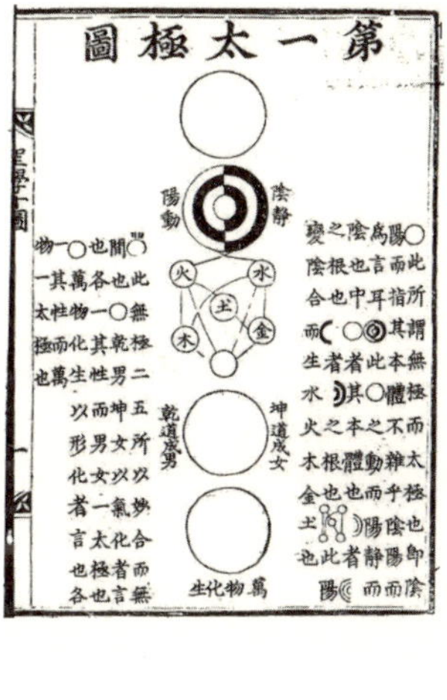

1 태극도설 다이어그램

주자학에서 주요한 논쟁이 되는 리기(理氣) 철학의 기본형식을 제시했다는 점에 있다. 이제, 태극도설의 다이어그램을 살펴보기로 하자. 앞의 그림과 같이 몇 개의 층이 있는 다이어그램에서 첫째 맨 위층은 혼돈의 무극이며, 둘째 층은 음양을 품고 있는 태극으로, 검은색은 음을, 흰색은 양을 상징한다. 셋째 층은 오행을 상징하고, 하나의 작은 원은 오행의 묘합(妙合)을 상징한다. 넷째 층에 있는 원은 천지의 이기(二氣)를 나타내며, 맨 아래 다섯째 층의 원은 만물의 화생(化生)을 의미한다.

인간은 만물 중에 음양(陰陽)의 기(氣)가 뭉쳐져 있는 가장 '영(靈)'적인 존재라고 규정하고 있다. 음양오행이 교차하여 운행하는 가운데 인간은 그 중, 가장 우수하고 중요한 기를 얻는다. 그렇기에 인간이 동물 중에 가장 영묘하며 특히 인간의 마음과 성(性)이 온전함과 영묘함을 잃지 않는다고 보았다. 무극(無極)과 태극(太極)은 하나이며, 태극이 생기면서 음양(陰陽)으로 분리되고, 여기에서 다시 화(火), 수(水), 목(木), 금(金), 토(土)의 오행(五行)이 생성된다. 그리고 이를 근거로 인간의 선(善), 악(惡)과 인(仁), 의(義), 예(禮), 지(智), 신(信)의 오상(五常)이 나타난다고 본다. 태극도설에는 무(無)에서 유(有)가 비롯된다는 도교와 불교사상이 드러나기도 한다. 그 중, 인간이 가장 뛰어난 기를 받은 영물이지만 그것은 자연으로부터 나온 것이므로 자연이 더욱 위대하다는 위계 혹은 선후 관계가 설정되어 있다.

원기가 아직 분화하지 않은 상태로 보는 무극은 형체도 없고 색깔도 없으며, 또한 시작도 없고 끝도 없다고 하는 의미에서 무극이다. 운동하는 양(陽)과 멈춰있는 음(陰)은 상호 조화를 이루는데, 양이 최고조에 달하면 내재해 있던 음이 움직이면서 순환하며 운행을 하게 된다는 것이다. 그는 남녀 혹은 암수, 양과 음의 상호 교감에 의해 만물이 생겨나고, 무궁하게 생성 변화하는데, 음양에서 나온 수화목금토(水火木金土)의 오기(오행)가 이 우주 안에 골고루 퍼져서 일 년 동안 사계절이 순환하게 된다는 생각을 발전시켰다.

주돈이의 사유의 중요하고 특징적인 부분은 불교 선종(禪宗)의 영향을 받았다는 사실이다. 그는 우주의 궁극적인 '실재=태극'이 되는 점에 있어서 덕을 『중용』에 따라 '성(誠)'이라 명명하고, 그 상태를 도교의 영향을 받아 '정(靜)'이라고 규정했는데, 성인에 도달하기 위한 수양법을 불교의 선종(禪宗)적인 방식으로 수행해야 한다고 보았다. 이 부분에서 유불도의 종합이 예견되는 지점이다. 이처럼 주돈이에게 기(氣) 자체는 태극으로 이해된다. 태극 내에서 음기와 양기가 분화되고 음양오행이 생성된다. 즉, 모든 것이 내재적인 요소들의 운행이자 펼쳐짐이다.

주자에게 태극은 리(理)이며, 음양은 기(氣)이다. 만물의 변화는 음양의 조화에 의해 운행되는 것이며 그것이 바로 태극이다. 주자학에서는 논리적으로 리선기후(理先氣後)의 입장이 강했다. 리가 먼저 존재하고 그 이후에 기가 만들어진다는 입장이다. 그러나 기일원론을 주장하는 학자들은 『주역』에 '일음일양지위도(一陰一陽之謂道)'라고 보았고, 도는 곧 태극이며 태극은 곧 기라고 보아 하나의 기가 움직여 변화되는 것이라고 보았다. 이러한 학문적 경향은 이후 양명학과 심학의 계보로 발전한다.

－장재(張載, 혹은 장횡거, 1020년 ~ 1077년)

장재의 호는 장횡거(張橫渠)로, 젊었을 때는 군사와 병법에 관심이 많았으나 『중용』을 심도있게 접하면서 학문에 정진했으며 사상가뿐만 아니라 정치가로서도 상당한 경력을 쌓았다. 주저서로 『정몽(正蒙)』이 있다. 장재는 우주 본체 공간인 태허(太虛)에는 기로 충만하여 기가 응집하기도 하고 확산하기도 하면서 자기운동을 무한 반복하고 있다고 보았다. 그는 만물의 차이가 생기는 것은 양과 음의 기가 섞이는 정도에 의해 나타나는 것으로 보았다. 장재의 이론이 기존의 사상과 달리 발전한 부분은 '세계가 기로 충만한 것으로 본 것'과 '기의 존재와 섞임에 의해 차이가 발생한다.'라는 점이다. 기는 무(無)가 되는 것이 아니라 원래의 '태허'로 복귀하는 것으로 본 점 역시 현대 화학 및 과학의 일면을 보는 듯하다. 혹은 초월의 철학을 보였던 장자의 사상과 유사한 면모도 보인다. 태화(太和)란 도가 외부로 드러난 형국이라 말할 수 있다. 도의 본래 생김새는 '태허(太虛)' 한 것이라고 간주한다. 즉, 형체도 없고, 느낌도 없으며, 그침도 없는 한없이 텅 빈, 말하자면 '커다란 비움' 이다. 태허의 개념은 하늘과 땅의 모든 사물이 비어 있는 한가운데(虛中)로부터 흘러나온다고 본 것이다. 삶과 죽음도 또한 참(眞)의 생멸(生滅)이 아니라 집산(集散)에 불과한 것이라고 생각했으므로, 기의 전체적인 총량에 있어서는 동일하다는 생각이다. 이러한 부분은 현대 열역학의 엔트로피에 해당되는 개념과 유사하기도 하다. 장재의 관점에서 세계의 각 존재는 살아도 또는 죽어도 전체적인 관점에서 거대한 우주의 일부분으로 돌아가는 것이므로 살아있을 때는 우주의 각각 일부로서 최선을 다해 자신의 사명을 수행하고, 죽게 되면 슬퍼할 필요가 없이 쉬면 그만이라고 생각한다. 이처럼 초월적인 사유인 장자로부터 영향을 받았음을 확인할 수 있는 대목이다. 장재의 우주론인 태화(太和)의 개념은 '크게 조화를 이룬다' 또는 '크게 화해를 한다' 는 의미로 사용된다.

장재의 세계관은 우주 만물이 기로 형성되었기 때문에 세계의 일부로서 존재하는 타인을 우주의 한 부분으로 여겨 섬기듯 사랑하라고 주장한다. 타인을 진심으로 섬기면서 사랑하는 것은 단순히 그 사회뿐만 아니라 우주 전체로서 어버이와 같이 섬기는 것이나 마찬가지가 될 것이다. 이처럼 우주적인 관점에서의 도덕론을 주장하면서 현묘한 도를 수행하는 수행론을 형성시킨 것이 장재의 미덕이라고 할 수 있다. 사실, 이러한 관점은 도교의 선사들이나 불교의 선종에서 스님들의 선(禪) 사상과 수양론에 영향을 받아 적용된 것으로 볼 수 있다. 이러한 세계관과 수행방법론은 이후, 주자의 성리학으로 완성되어 향후 강력한 유교 이데올로기가 된다.

장재는 한대(漢代) 이후 위진남북조 시대의 현학과 수, 당 시대의 화엄 철학의 우주관, 세계관을 형이상학적 체계를 구성함으로써 무력화시키려 했고 그것에 상당 부분 성공했다는 점이 중요하다. 그 중심에는 기가 있으며 기의 움직임과 관계로서 세계를 이해하려고 했다. 동양의학 사상에서는 기가 흐르지 않는 상태를 곧 '죽음'이라고 생각했고 그것은 달리 말해 피의 끊임없는 순환을 의미하는 것이다. 이정우는 장재를 가리켜 "신체는 물리적 우주의 한 부분이지만, 정신은 사유로써 우주를 포괄하기도 한다. 장재는 이를 '큰 마음(大心)'이라고 했다. 또한 타인, 사회, 역사, 문화 등 인간과 인간의 관계 또한 마음의 이런 작용을 전제하지 않으면 이해하기 어려운 것이 된다."[7]고 평가했다. 장재의 학문은 동중서, 주돈이의 이론에서 더 나아가 인간관계까지 그 관심을 확장하여 도덕적 당위성을 확보하는 학문적 방향성을 정립했다. 이러한 내용들은 주자학과 조선의 성리학의 독자적 발전에 많은 영향을 주었다. 그의 철학은 유, 불, 도를 통합한 주자학에 직접적인 영향을 주었을 정도로 유, 불, 도의 사상적 통합을 위한 기초를 수립했다는 점에서 그 의의가 있다.

7) 이정우, 세계철학사 2, 길, 2018. p709

주자학의 생성과 통합적 특성

0307 주자학의 생성과 유, 불, 도 통합

—주자(朱子, 혹은 주희)

중국 남송의 유학자로 이름은 희(熹)이며, 주자학을 집대성한 학자로 숭상되고 있다. 주희는 19세에 진사에 합격하여 관직에 들어 도학과 불교, 도교를 두루 공부했다. 그는 주돈이, 장재(張橫渠), 이정자(二程子: 북송의 정호程顥, 정이 형제)의 설을 종합하고 정리하여 주자학을 집대성했다. 당시 진나라 시황제는 질서를 확립하고 유학자들의 목소리를 잠재우기 위해 '분서갱유'라는 희대의 사건을 일으켜 유학과 관련된 책들을 태우고(焚書), 유학자들을 산 채로 묻어버리는(坑儒) 비극을 만들었다. 학문에 있어서 충격적인 이 사건 이후로 한나라 시기에는 고대 유교 경전을 당시의 관점으로 되살리는 훈고학을 통해 고대 유학의 경서들을 복원하여 이를 도교적 관점에서 재해석했다. 고대 유학은 철학적으로 치명적인 취약점이 있었는데, 그것은 바로 철학에 꼭 필요한 세계관이 부재하다는 점이었다. 유학은 인성론과 정치철학에 있어서는 우세했으나 통합적 세계관이 부족했었는데, 주자는 1500년 전 맹자를 부활시켜 하늘의 이치인 리와 기를 되살렸다. 주자학은 이후 한나라 시기의 훈고학에 머무른 내용에서 더 나아가 유, 불, 도의 사상을 집대성했다는 의미에서 '정주학(程朱學)'이라고도 불린다.

형이상의 개념인 리(理)는 형이하의 개념인 기(氣)와 구분되고 리와 기가 따로 존재하지 않는다고 주자는 생각했다. 리(理)는 '~ 다움'이라는 원리를 의미하며 기(氣)는 만물의 재료를 의미한다. 다시 말하자면, 리는 네 개의 다리가 있어야 하고 앉는 부분과 등받이가 있어야 한다는 식으로 의자답게 만드는 원리 그 자체이며, 의자를 구성하는 나무는 재료로서 원리를 실현시키는 기이다. 혹은 '집의 설계도는 리이고 물리적인 집 자체는 기(氣)이다' 라고 이해가 가능하다. 이러한 대립적인 특성은 리를 사유하는 양반과 기의 천민, 리의 중국과 기의 오랑캐 혹은 서양이고, 유학이라는 리와 불가, 도가의 '기' 이며, '리(理)' 라는 사(士)의 계층과 기의 공상(工商), 남, 여의 대립적인 위치에 따라 이데올로기적인 사회구조와 질서체계를 이루며 특히 이러한 이분법적인 구분은 조선에서 주로 이루어졌던 체계이다.

주희는 동북아 세계관에서의 생성과 구조, 인간 심성(心性)의 인식론, 사회에서의 인간의 윤리등에 대한 철학적 관점과 논리를 집대성했다. 주자학은 상당 부분 유교적 관점에서 역학(주역)의 재해석이 중요하다고 할 수 있다. 주자학은 심(心), 성(性), 정(情), 명(命), 성(誠), 경(敬) 등의 개념을 세우면서 이것을 유, 불, 도의 개념들로부터 가져와 통합하여 체계화했다. 그 근간은 형이상학적인 우주관인 리와 기의 개념에 있었다. 주희는 주돈이의 태극도설과 장재의 영향에 따라 우주가 양과 음의 태극으로부터 나온 형이상학적인 '리(理)' 와 형이하학적인 '기(氣)' 에 의한 작용에 따라 생성된다는 점을 주요하게 사유했다. 주희는 각 사람이 좋은 기와 나쁜 기가 정도의 차이로 뭉쳐지며 나타나므로 격물(格物)로써 나쁜 기를 제어하여 성인으로 나아갈 수 있다고 보았다. 따라서 주자학에서는 격물을 통한 수양이 매우 중요한 문제였다. 주자의 우주론은 좋은 기를 뭉쳐서 바름(正)을 얻으면 좋은 인간이 되고, 치우침(偏)을 얻어 나쁜 기가 뭉치면 다른 사물이 된다는 동북아 세계관의 관점이다. 따라서 리기이원론을 통해 나쁜 기를 제어하고 리의 상태를 늘려가야 한다고 본 것이다. 주자는 인간의 타고난 성품이란 본래 태극의 묘한 원리로 이루어지는데 특히 사람의 기는 음양의 두 기운이 서로 교통하고 달리 뭉치면서 만들어지는 것으로 생각했다. 여기에서 본연지성(本然之性)은 리(理)를 가리키는 것이고, 기질지성은 기를 의미하며 리(理)와 기(氣)가 서로 섞여 있음을 말한다. 본연지성은 물(水)과 같이 스스로 그러한 것을 가리키는데 노자의 사상에서 영향을 받은 것으로 볼 수 있다. 또 기질지성은 그릇에 담긴 일정한 모습의 물과 같다. 기질이 흐려질 수 있으므로 끊임없이 수양을 통해 맑은 본연지성을 이루어야 한다는 논리이다. 이러한 관점에서 알 수 있듯이 주자는 동양의 '칸트'라 불릴 정도로 철저하게 리기론에서 합리적인 리를 중시하는 입장이다. 여기에서 리와 기는 서양 플라톤의 형상과 질료와 유사한 구조로 생각할 수 있지만, 이 부분에서 근본적인 차이점이 있다. 플라톤의 개념에서는 세 가지 원인 중 하나인 제작자가 있다. 형이상학적 개념과 그것을 만들어내는 제작자(신)가 존재한다는 것이다. 동양사상은 리와 기가 함께 움직이는데 도가 흘러나와 그 이치에 따라 기가 뭉쳐져서 각 사물을 이루기 때문에 제작자(신)의 외적 구성이 함께 각 사물에 내재적으로 녹아 들어가 있는 개념이다. 이 점이 플라톤과 동북아 철학의 커다란 차이점이라고 할 수 있다. 그래서 서양에서는 신이 만들어놓은 세상의 최고선 혹은 덕인 '아르케(arche)'를 찾고자 했고 동양은 세계 내에 내재하는 도(道)를 찾고자 했다.[8] 이러한 차이에서 동북아의 존재론은 철저하게 내재적인 존재론이다. 인간은 자연의 일부로 들어와 있는 내재적인 존재이고 그 운행원리에 맞추어 전체의 부분(부분은 곧 전체)으로서 순리대로 도덕적으로 살아야만 하는 존재(그 자체가 도덕적)로 생각한 것이다.

주희(주자)는 수양 방법론에 있어서는 '거경(居敬)'과 '궁리(窮理)'를 강조한다. '거경(居敬)'은 공경의 자세 가운데 거한다는 의미로, 항상 공경의 자세를 잃지 않아야 하며 궁리는 세계의 리를 깨닫기 위해 끊임없이 노력해야 함을 강조한다. 그는 리를 중시했으며 리를 먼저 상당 부분 배우고 난 다음에 행동을 수정해나가고 지식의 상승과 함께 행동도 일치해야 하는 '지행합일'의 입장을 취했다.

주자의 우주론은 다음과 같다. 무극이었던 태극이 나뉘고 난 이후, 태극으로부터 나와 생성된 각 사물은 그 자체가 하나의 태극이다. 주희는 "달이 떨어져 모

8) 고대 그리스어로 '처음', '시초'. 그리스 철학에서 아르케는 세상(사물 현상)의 근원이자 근본원리를 의미했다. 우주만물의 물질적 근본 입자를 의미하기도 하기도 한다.

든 시냇물에 있고, 곳곳마다 동그란 모습이 비추니"(月落萬川 處處皆圓) 하나가 전체고 전체가 하나라는 주장을 한다. 여기에서 개체가 전체이고, 전체가 개체라는 불교 화엄 사상의 형이상학과 유사한 지점을 공유한다. 우주와 모든 각각의 사물들은 결국 하나로 귀속된다는 것이다. 이것은 철저하게 불교적 교리이다. 그러나 동양에서는 전반적으로 '천인합일(天人合一)'의 정신을 추구했다. 우리나라에서 월인천강지곡(月印千江之曲)[9]을 지은 바와 같이 태극의 근본적인 속성이 각 사물에 모두 존재한다는 것이다. 태극의 근본적인 속성이 자연의 이치인 것과 같이 각 사물과 각 사람에게 그러한 이치가 공통적으로 존재한다는 점에서 범아일여, 천인합일의 정신이 동북아 세계관의 연장선상에서 융합된 것임을 확인할 수 있는 대목이다. 리기설(理氣說)에서 기인한 주자의 학문을 간단히 말하면 성즉리(性卽理)의 학문체계라고 할 수 있다. 주자학은 신분 계급을 중심으로 하여 세계의 형성 배경과 유교적 바탕에서 윤리적 측면을 고려하여 수양론을 제시하는 것이다. '군신(君臣), 부자(父子), 부부(夫婦)의 도'(三綱)와 '인의예지신'(仁義禮智信)을 기본으로 하여 이것이 일상생활에서 원활하게 질서가 잡힌 모습으로 이루어지고 그것이 내면화될 수 있는 수양론에 근거를 두는 것이다. 이것은 단순히 윤리적인 것으로 그치는 것이 아니라 우주와 세계 자체의 운행원리와 도덕 윤리를 결합시킴으로써 이후, 강력한 유교 이데올로기를 형성하는데 큰 역할을 하게 되었다.

주자학은 맹자의 성선설과 불교의 선종, 그리고 유학의 리의 세 가지 개념으로부터 많은 영향을 받으면서 형성되었다. 맹자에게 있어서 하늘의 원리는 존천리(存天理)와 거인욕(擧人欲)인데, 이것은 하늘의 이치를 숭상하고 욕망을 제거한다는 의미이다. 맹자가 생각하기에 인간은 수양을 통해 군자로 이행해야 하는 존재이며 만물은 리와 기로 나뉘는데, 기는 만물의 재료로서 육체는 욕을 항상 추구하게 마련인데, 맹자는 이때 격물치지(格物致知) 해야 한다고 주장한다. 물(物, 세상)을 대하는데 있어서 온전한 지식(깨달음)에 도달해야 한다는 것이다. 성리학의 신봉자는 선행후지(先行後知)를 싫어한다. 선지후행(先知後行)을 오히려 장려하고 지행병

9) 월인천강의 개념은 천 개의 강 위에 도장을 찍은 듯 달의 형상이 동일하게 떠 있다는 것이다. 이와 같이 세계와 내가 하나로서, 같은 개념이라는 범아일여의 사상을 표현하는 화엄불교의 개념어이다. 이 개념은 유불도가 통합되어 있는 성리학에서 차용되어 유교국가인 조선에서도 월인천강지곡의 내용이 중요한 개념으로 사용되며 들어가게 된다.

진(智行竝進) 혹은 지행합일(知行合一)을 하는 것이 바람직하며, 반드시 지켜야 하는 것으로 본다. 달리 말해 깨달음은 '알게 되면 반드시 행해야 함'을 의미한다. 몰랐다면 어쩔 수 없으나, 일단 알게 된다면 옳은 것을 목숨을 걸고 행해야 한다는 것이다. 아는 것을 중시하기 때문에 주자학은 '주지주의(主知主義)'와 가깝다. 그러나 일단 안다는 것은 그만큼 무서울 정도로 엄격한 윤리적 실행의 책임이 따르는 것이다. 우리가 지도자나 사회의 명사들에게 서양의 잣대보다 더 엄격하게 윤리적 책임감을 요구하는 것도 이러한 측면이 강하다. 궁리(窮理)의 개념은 사물에 들어 있는 이치를 알아야 한다는 개념이다. 궁리는 '~ 답게' 만드는 것을 연구하는 것이다. 달리 말해 후천적인 이론 및 학습 과정을 통해서 '~ 답게' 만드는 것이다. 조선 시대에는 문치(文治)에 있어서 대단히 긍정적이어서 신진사대부들이 그러한 문치의 엘리트 주체였고 잡학은 기술직의 직업으로 천시하는 위계와 문화가 생성되었다. 조선 시대의 사농공상(士農工商)의 계급과 차별은 이후, 동북아 국가들의 과학기술 및 물질문명에 대한 퇴보를 가져오는데, 상당한 영향을 끼치게 된다.

맹자에게 있어서 마음은 성(性)과 정(情)으로 나뉘는데 성(性)은 태어날 때부터 가지고 있는 본성의 마음으로 아직 발생하지 않은 미발(未發)의 상황이며, 이와 달리 정(情)은 사단칠정으로 구성되어 있는데 사단은 측은지심, 수오지심, 사양지심, 시비지심이며 칠정은 희노애락애오욕이다. 성즉리(性卽理)는 미발(未發)한 마음 안에 하늘의 이치가 있다는 것이며, 그것은 바로 도덕성이다. 그는 인간이 인간다우면 도덕적인 것은 자연스럽게 성취될 수 있다고 보았다. 이러한 방향성이 바로 성리학이 추구하는 방향이며, 인간만이 도덕적인 존재라는 것을 강조하는 것이다. 중요한 개념인 '거경궁리(居敬窮理)'는 공경의 자세로 내 마음 안의 하늘의 이치를 탐구하는 것이다. 성(性)은 외부 사물과 접촉하지 않으면 기(氣)가 된다. '어떤 외부 사물과도 접촉하지 않아도 수양하게 되면 선종에서는 성(性)이 온전히 드러나게 된다.'라는 입장이다. 우리나라의 불교는 선종 중심의 조계종이 중심이 되어 이어져 왔다. 육구연(육상산, 陸象山)은 주희와의 논쟁과 우정을 통해 이후 '심즉리(心卽

理)' 설을 주장하였는데, 이것을 후에 왕양명(王陽明)이 계승하여 육왕학(陸王學), 혹은 양명학이라는 이라는 심학(心學)의 계열을 정립하게 된다.

당나라에 이르러 중국은 거대한 제국으로서의 면모를 보였으며 다양한 민족과 문화가 용광로와 같이 융합되었다. 이방 민족의 다양한 문화와 철학이 난무하는 가운데 유학자들은 도교, 불교의 논리와 내용을 흡수하면서 기존 유학의 권위와 한족의 자존심을 회복하기 위해 유학을 되살리는데 적극적이었다. 그런 의미에서 신유학으로 통칭되는 주자학의 형성 배경이 있다.

–주자학의 형성과 특징

주자학은 격물치지(格物致知)를 중시한다. 즉, 하나의 사물의 이치를 통달하면 세계 전체의 이치를 깨닫게 된다는 것이며, 성리학은 고대 유교(도덕학, 정치학)와 불교의 세련된 마음과 번뇌에 관련한 인식론이 더해지고 도교의 세계관(氣, 陰陽五行, 周易) 등의 이론이 종합되어 성립한 것이다. 물론 기존 도교에는 노장사상도 있지만, 한편으로는 민간에서 유행했던 기복적인 신앙과 주술적(샤머니즘, 토테미즘) 미신과 점술을 포함하고 있다. 이것은 비과학적이고 일정부분 주역(점), 방중술(sexual), 도인술 등 허무맹랑한 원시 종교적 특성을 지닌 것들이다. 또한 음양오행사상(동양적 세계관) 등이 체계적으로 정리되어 있는 주역이 있기도 하다.

그럼에도 불구하고, 주자학은 고대 유교에 불교의 인식론 및 도교의 세계관 중 합리적인 부분의 사상과 세계관을 종합하여 새로운 통합적 철학 체계를 만들었기에 신유학으로 부르고 있다. 이후 신유학의 세 가지 흐름에는 시기에 따라 리학(理學), 심학(心學), 기학(氣學)으로 구분된다. 신유학은 주자가 중심이 되어 송 제국 시대 이후부터 전개된 유학의 새로운 경향이었고 고대 유교로부터 단절된 것을 되살려 놓는 것을 중점적인 관심으로 삼았다. 핵심적인 개념은 리, 기, 심, 성 등이다. 송 제국 시기의 신유학(리학)에서는 리와 성을 강조한다. 그래서 성리학, 혹은 리학이라고 불리는 이유가 된다. 이후, 명 제국에서의 신유학은 심(心)을 강조하여 '심학'이라는 별칭으로 불린다. 심학(心學)은 왕수인이 집대성했는데, 그의 호를 따라서 일반적으로 양명학이라고 부르고 있다. 청 제국 시기의 신유학은 '기학(氣學)'으로 부른다. 기학(氣學)은 기를 핵심 범주로 설정하여 논하였고 자연 현상에 대한 기의 현상을 구체적으로 논하였으므로 실학이라고도 불렀다. 대표적인 학자들로는 왕부지, 대진 등이다. 이 시기에는 중국 사회가 위기에 빠질 때마다 리학과 심학은 위축되고 기일원론의 기학이 대두되었다. 기학의 특성은 현실주의적이며 공동체를 지향하였다. 원형은 장재의 형이상학(태허, 객형)의 형이상학을 주로 채택하여 논의했다.

주자학은 중국뿐만 아니라 한국을 거쳐 일본에도 전파되어 강력한 유교 이데올로기 국가의 체계를 수립하는데 사상적으로 강력한 영향력을 끼쳤다. 특히 중국이 심학과 기학으로 변화하는 시기에도 조선은 한국화된 리 중심의 성리학(性理學)을 끝까지 고수하는 등 교조적인 강력한 이데올로기를 고수했다. 일본에서 주자학은 일본의 대혁명, 즉 메이지유신(明治維新)에 직접적인 영향을 주었다. 이처럼 주자학이 동북아 국가들에 강력한 영향력을 행사했던 것에는 동북아 사유와 문화에 절대적이었던 각종 문화 및 사상들을 통합하여 체계화시킨 창의력 때문이었다. 주자는 주돈이와 장재의 음양가의 세계관을 바탕으로 고대 유학의 이론들을 이성적으로 직조했으며 후에 심학으로 발전되었던 불교적 색채의 인식론과 철학까지 흡수하여 새로운 철학 체계를 완성한 것이다.

0308 육구연과 주희 사유의 대립과 리기론의 쟁점

주희는 주자학을 집대성하여 동북아 사유의 통합을 이룬 대단한 인물이지만, 그와 대등하게 논쟁하고 이후 주자학의 계열과 대립적인 학파의 계열의 시조가 될 정도로 당찬 인물이 동시대에 있었으니, 그 인물은 바로 육구연(육상산)이었다. 육구연(陸九淵, 1139~1192)은 주희보다 어린 연배였지만 대등하게 주희와 논쟁했으며 자신의 철학 체계를 확고하게 갖추고 주자와 대립하여 학계를 양분하여 학문적 세력을 형성했다. 육구연의 학문 세력의 사상적 계보는 모두 정호와 정이의 학문을 계승한 것이었다. 주자와 육구연의 관계는 마치 데카르트와 동시대를 살면서도 데카르트의 사유와는 많은 부분에서 대립되어 새로운 생각을 펼쳤던 스피노자를 떠올리게 만든다.

〈표1. 주자와 육구연 철학의 주요관점과 차이점〉

철학자	주자(주희)	육구연(육상산)
중요관점	정이의 학통에 의한 도문학을 보다 존중	정호의 존덕성을 존중[10]
중시한 내용	격물치지(格物致知) 사물을 깊이 연구해 지식을 넓힘	치지(致知, 사물의 도리를 알아서 깨달음)
주요 키워드	성즉리설(性卽理說)	심즉리설(心卽理說)
유심론	객관적 유심론	주관적 유심론
향후 전파	성리학의 주요 흐름을 형성하며 한국, 일본에 전파 및 발전	양자호와 왕양명(왕수인) 등에 의해 계승

주자의 경우, 동양의 칸트라고 불리는 것과 같이, 이성적 법칙을 중시한 만큼, 성즉리설(性卽理說)을 제창하였다. 리와 기가 운행하는 것이 결국 리로 귀결되는 것이라는 격물치지(格物致知, 사물을 깊이 연구해 지식을 넓힘)를 주장한 것이다. 반면 육구연은 기가 운행하다 보면, 내재하는 리가 자연스럽게 발현된다는 치지(致知, 사물의 도리를 알아서 깨달음)를 주로 하는 심즉리설(心卽理說)을 강조한다. 리와 기의 운행 메커니즘에 따른 근본적인 시기의 차이 때문에 격렬한 논쟁이 이어지면서 각 학파가 형성된 것이다.

육구연은 '태극도설' 자체가 유교가 아닌 도교나 불교 계통에서 비롯된 이론이며 주돈이가 유교적인 사유에 맞게 수정한 것이라고 주장했다. 주자의 사유가 정통의 유교 사유가 아니라 변종에 불과하다고 꼬집은 것이다. 또 그는 주자가 중시하는 태극도설의 이론을 들어 리와 기가 나뉘어 리를 중심으로 운행되는 리학에 비판을 가했다. 주자와 육구연은 수차례 논쟁을 벌였으나 서로의 학문 세계와

10) 존덕성(存德性)은 나에게 내재해 있는 천부의 덕성을 유지하고 키워가는 일이며, 도문학(道問學)은 마음 밖에 있는 온갖 사물의 이치를 궁구하고 터득해 가는 일이다. 전자는 주관적인 자아(自我)의 함양이요, 후자는 객관적인 대상에 대한 탐구이다.

차이를 존중하며 교류를 계속했다. 주자가 주장하는 리학은 복잡한 논리의 형이상학적 이론을 섭렵하고 난 이후, 그 지식을 바탕으로 하여 자기 수양에 힘쓰는 구조이다. 이러한 성즉리(性卽理)의 사상의 경향이 지배하던 시기에 육구연은 이를 비판하고 간단명료하게 마음의 수양을 통해 세상 이치를 깨닫는 것으로 돌아가라고 강조한다. 다시 말해, 스스로 자기 본심을 보존하는(自存本心) 공부 방법이야말로 간명한 공부라고 주장했던 것이다. 세상의 이치가 이미 내 안에 있으므로 내 마음을 잘 알게 되면 자연스럽게 세상 이치를 알게 되고 다른 공부도 필요하지 않다는 것이다. 다시 말해 심즉리(心卽理)이다. 그러한 논리는 선불교에서 불립문자(不立文字)를 통해 본질에 다가갈 수 있다고 주장했던 것을 떠올리게 한다. 그러나 세계를 이해하기 위해 어떠한 사물 혹은 부분의 이치를 깊게 탐구하여 깨닫게 되면 전체의 이치를 깨달을 수 있게 된다는 주자의 격물치지(格物致知)조차도 육구연은 부정한다. 그는 '우주가 곧 내 마음이고 내 마음이 곧 우주다'라는 주장과 함께 본심의 마음을 잘 수양하고 공부하라고 주장한다. 육구연은 주돈이의 태극도설이 이미 도가의 개념이었다고 강력하게 비판하면서 주자의 유학이 정통 유학이 아님을 암시하며 공격했다. 리와 기를 통합하여 마음을 전체 우주와 연결하여 일체화시킨 것이다. 모든 만물의 이치는 내 마음이 투영된 것이며 마음 수양을 하는 것이 가장 큰 공부라는 것이다.

육구연은 외적 사물의 이치를 깨달으려고 노력하지 말고 마음을 바로잡아(格心) 마음을 다하면(盡心) 그것으로 전체 우주의 이치를 깨달을 수 있으니, 마음 수양에 더욱 힘쓰라는 순전한 도덕 수양론을 주장한다. 일반적으로 오늘날에는 주자의 철학을 객관적 유심론으로, 육구연의 철학을 주관적 유심론으로 칭한다. 주자의 영향이 워낙 강력했기 때문에 육구연의 철학은 대립적인 학설로 존재했으나 이후, 왕수인에게 계승되어 심학의 계보(양명학)를 형성했다. 왕수인의 사상은 근대의 시초가 되는 한 맥락으로 이해되는 측면도 있다. 육구연의 심즉리설은 왕수인이 실천에 중점을 두는 심학(心學), 즉 지행합일설(知行合一說)로 계승되어 양명학 혹은 다른 호칭으로 육왕학파(陸王學派)가 성립되었다. 즉, 주자의 격물치지가 지식 위주인 것에 반해 왕수인은 도덕적 실천을 중시하고 있어 오늘날 주자학을 리학(理學)이라 하고, 양명학을 심학(心學)이라고도 한다. 사물에 대해 깊이 연구하여(格物), 지식을 넓히는 것(致知). 격물과 치지는 사서 중의 하나인 대학에서 밝힌 대학의 도를 실천하는 팔조목에 속한다. 정주학파(程朱學派)에서는 격물의 목적은 영원한 이치에 관한 우리의 지식을 넓히는 데 있다고 하면서 치지가 격물보다 먼저라고 생각하였으나, 양명학에서는 오히려 격물이 치지보다 먼저라고 했다.

주자와 육구연의 사유는 마치 양과 음의 관계가 서로 순환을 이루듯이 이후 동북아 세계에 있어서 격렬한 논쟁을 통해 사유의 대립적 입장을 견지해왔다. 이와 함께 사회로 확장된 통치이념에 있어서 주요한 사상의 두 축을 이루며 발전했다. 그러나 이들의 사유 중 특히 주자의 사유는 형이상학적인 측면이 매우 강하여 근대 과학기술의 발전과 물질적 발전에 있어서 상대적으로 서양에 비해 뒤처지는 결과를 낳는데 상당 부분 영향을 주었다는 단점도 존재한다.

0309 심학의 계보 생성과 도덕수양론의 발전

양명학은 양명(陽明) 왕수인(王守仁)이 이룩한 신유가철학(新儒家哲學)을 지칭한다. 왕수인(王守仁)은 양명학을 창시하여 유학의 지평을 넓혔으며 무관이면서 사상가인 독특한 인물이다. 그의 사상은 육구연(육상산, 陸象山)의 철학과 함께 '심학(心學)' 으로도 불린다. 명나라의 태조는 주원장으로 한족의 위상을 강화하기 위해 과거제의 주요 텍스트를 논어 맹자, 중용, 대학 등의 '사서(四書)' 로 정하여 '관학' 이 될 수 있도록 만들었다. 왕수인이 자신의 학설을 세우게 되는데에는 몇 가지 계기가 있었다. 우선 주자학이 학계의 주류인 분위기에서 왕수인은 자연스럽게 주자학으로 공부를 시작했다. 그는 주자의 격물치지를 깨닫기 위해 대나무를 뚫어지게 바라보며 몇 날 며칠을 궁리해보았지만, 세계의 이치를 깨닫지 못했다. 격물치지의 무용함을 깨달은 것이다. 또한 득도한 유명한 승려를 찾아가 그 경지를 우러러

보았으나 "부모님 걱정은 되지 않느냐"고 물으니 회한과 그리움에 눈물을 쏟고 마는 승려를 보며 깨달음을 얻었다.[11] 모든 사람에게는 유교의 '측은지심'이 있다는 것이다. 마지막으로 그가 귀양 간 곳에서 수없이 많은 고난을 헤쳐나가면서 결론을 얻었는데, 결국 "마음이 모든 것이다!"라고 깨달았다. 불교의 일체유심조(一切唯心造)를 생각나게 하는 부분이다. 그러나 여기에서 불교와 다른 것은 실천의 강조이다. 외부의 격물로 세상의 이치를 깨닫고자 하지 말고 진정으로 중요한 것은 마음의 수양이라는 것이다. 왕수인이 승려와의 만남에서 깨달은 것과 같이 모든 것을 끊어내는 것은 불가능하므로 순수하고 착한 마음을 계속해서 수양하고 다듬어야 한다는 것이다. 잡념과 욕망이 사라진 순수한 마음 상태로 세상을 바라보면 그 자체로 우주와 하나가 된다는 것이다. 여기에서 인도 베다의 범아일여(梵我一如) 사상과 유사한 지점을 공유하고 있다는 것을 떠올릴 수 있을 것이다.

주자가 격물치지(格物致知)에서 격(格)을 경지에 이른다는 뜻으로 이해하여 사물의 이치에 통달하면 전체의 이치에 통달할 수 있다고 주장한 성즉리설(性卽理說)과는 대조적으로, 왕수인은 참다운 앎을 얻기 위해서는 양지(良知)해야 한다고 주장한다. 그는 물욕을 물리치고 순수한 마음을 길러야 한다는 심즉리설(心卽理說)의 양명학을 확립하였다. 주자가 깨달음을 외부의 사물에서 찾으려고 했던 것(외재성)과는 달리, 왕수인은 자신의 마음을 탐구하여 내재하는 리를 찾고자 했다는 점에서 내재성의 철학이라고 볼 수 있다. 육구연에 영향을 받은 왕수인은 심학의 계보를 잇게 된다. "마음이 곧 이치이다!(심즉리, 心卽理)"라는 문장이 핵심인 양명학의 사상은 외부 사물을 성찰하는 것보다는 '개인의 마음과 내면을 성찰하여 깨끗하게 다스리는 것이 중요하다'고 역설한다. 마음이 중요한 관점인 그의 학문체계를 심학(心學)이라고 한다.

왕수인의 마음의 문제는 맹자의 '사단(四端)'으로부터 기인한다. 이처럼 맹자에게 마음문제가 매우 중요한 것과 같이, 아무리 해탈의 경지가 높은 승려라고 하

11) 관계에서 나오는 모든 것은 공한 것이고, 그 관계가 소멸되면 의미도 소멸된다는 '공의 사상'을 가르치는 대승불교의 가르침을 생각해보자. 유명한 승려가 자신의 부모와의 관계를 생각하며 눈물을 흘렸다는 점에서 수행으로도 인륜의 관계는 극복하지 못하는 것임을 강조하며, 이 일화를 통해 우회적으로 중요한 인륜의 관계를 허망한 것으로 교설하는 불교를 비판하는 것이다.

더라도 자신의 어머니를 생각했을 때 '측은지심(惻隱之心)의 눈물'을 감추지 못하고 터져나오는 바와 같이 마음의 문제는 중요하다. 마음은 원래 선악이 없었는데 순수한 마음이 세상의 욕망과 이기심으로 인해 가려지거나 더러워지므로 마음의 수양을 깨끗하게 하여 '제대로 된 지(良知)'를 회복하여 양지의 마음을 가득 채운 다음 이를 보존하는 수양법을 중시하는 것이다. 그것을 치양지(致良知)라고 한다. 불교에서 회광반조(돈오)하고 점진적인 수행(점수)을 하라는 것과 유사하게 생각해볼 수 있을 것이다. 사람에게는 선악을 판단할 수 있는 '제대로 된 지(良知)'가 있으므로 세상의 욕망과 어리석음으로 양지를 잊지 않도록 마음을 닦아 '치양지(致良知)'를 해야 한다고 역설하는 것이다.

주자(주희)의 경우, 사람은 리와 기가 뭉쳐져 생성되는데 성인의 경우 좋은 기가 더욱 뭉쳐져 있는 경우이고 범인(凡人) 혹은 질이 낮은 사람은 나쁜 기가 더 많이 뭉쳐져 있다고 생각했다. 따라서 모든 사람은 격물치지를 통해 자기 수양을 통해서 좋은 기로 고양하는 수양이 필요하다고 주자는 주장한다. 그러나 이것은 보수적인 관점에서 성인 혹은 지배층의 지배 논리를 강화하는 것으로 작용할 수 있다. 다시 말해 주자의 관점에서는 격물치지를 통해 악한 마음을 잘 다스리는 사람이 군자이며, 다른 사람을 타인을 통치할 수 있는 자격을 갖춘 사람이다. 따라서 신분의 차이는 어느 정도는 태어날 때부터 정해져 있는 것이므로, 지금의 지배체계를 인정하라는 것으로 해석될 여지가 있다. 왕수인은 주저 『전습록(傳習錄)』에서 본래 마음은 하나이고 그 자체가 리인데(心卽理) 주자는 번거롭게 리를 둘로 분리시켰다고 강력하게 비판한다. 그러나 왕수인의 관점은 '범인이라도 마음의 수양이 가장 중요하고 성즉리를 이해하기 위해 복잡한 공부가 필요 없다'라는 것이다. 이것은 마치 불교에서 깨달으면 누구나 해탈할 수 있다는 지행합일설(知行合一說)의 평등사상을 공표하는 것과 같은 파괴력이 있었다. 지행합일에 있어서 지와 행은 마음을 중심으로 행해지는 것으로 보았으므로, 지는 마음이 아는 것(心知)이고 행하는 것도 마음이 행한다는 심행(心行)의 관점을 가지고 있었다. 마음으로 깨닫고 행하는 것을 강조하는 것이다. 강력한 신분제가 유지되던 봉건국가에서 이러한 내용은 지배계층에게 매우 도전적이고 이단적인 교설로 다가왔을 것이다. 자연스럽게 보수와 진보라는 당파적 관점에서 이러한 방향성은 날카롭게 대립하며 흐름을 이어간다. 이른바 보수적인 리기이원론과 진보적인 리기일원론의 대립이다. 왕수인은 주지주의(主知主義)적인 리학(理學)과 대립하는 심학을 완성해 치양지학(致良知學)을 창조한 것이다.

왕수인이 의도하지는 않았겠지만, 오늘날의 시각으로 보았을 때, 양명학은 일정 부분 근대로의 이행에 있어서 시초가 되는 사상으로 평가되기도 한다. 개인의 자유와 독립성이 중심이 되는 근대적 움직임이 왕수인의 심학에서 감지되기 때문이다. 모든 사람이 각자 자신의 마음을 잘 갈고 닦으면 세계가 운행되는 이치에 대해서 깨달을 수 있다는 만민 평등사상은 시민이 중심이 되어 권력이 위임 배분되는 '근대'라는 새로운 시대에 대한 예감을 가능하게 했기 때문이다. 물론 도덕적 완성이 가장 중요한 덕목인 왕수인의 사상은 유교적 가치관에 철저했기 때문에 권위에 대한 회의 및 주체에 대한 회의가 중심이 되는 근대적 사상과는 일정 정도 거리가 있는 것이 사실이다. 그러나 평등사상과 함께 일반 백성(근대 서구의 시민)들의 권리향상을 통해 근대로 변화하고자 했던 세계사의 거대하고 도도한 흐름을 거스를 수는 없었으며 양명학은 이러한 근대적 흐름 하에서 근대 시민의 개념이 발아하는 기운을 품고 있었다.

왕수인 사상은 공자의 인과 맹자의 사단(四端)으로부터 강력한 영향을 받았으며 불교에서의 만물 일체의 심학으로부터도 강력하게 영향을 받았다. 그는 격물을 통해 치지하는 것이 아니라 마음의 본성을 양지(良知)하여 치양지(致良知) 하는 것을 우선 과제로 삼았다.[12] 그는 이것을 통해 리학을 극복하고 마음을 중심으로 하는 주체성을 확립하여 우주적인 질서에까지 확장하려 했다. 지행합일의 정신은 개인 주체성이 세계로 확대되는 것이라고 할 수 있다. 왕수인 사상은 특히

12) 사사로운 욕망을 극복하고 천리(양지, 양심)에 따라 행동하면서 마음의 본체를 회복해 나가는 이 과정을 치양지(양지를 지극히 한다)라고 한다.

유 · 불 · 도 삼교의 핵심 개념들이 양지의 구조를 이루고 있어서 주자의 리학에서 더 나아가 삼교(유,불, 도)가 더욱 정교하게 융합된 학문체계라고 할 수 있다.

이정우는 "현대적 맥락에서 기를 들뢰즈의 '내재면' 으로 이해한다면, 리와의 관계는 내재면과 그로부터 탄생하는 질서들의 문제이며, 심과의 관계는 내재면과 주체성의 관계이다"[13] 라고 언급했는데, 그는 기의 개념이 근대철학의 주요한 논의점이었던 '내재성의 근대성' 이 발현된 것으로 보고, 이것을 중시하고 있다.

왕수인은 '심즉리 설과 성즉리 설은 같지 않다' 는 입장이다. 달리 말해, 사물의 이치는 내 마음속에 있다는 것이다. 이것은 완전한 관념론이다. 주자는 성과 정이 나뉘며 성은 리이고 심에도 리가 있다고 보았다. 왕수인은 심과 성과 정이 서로 같은 것이고 그것이 바로 리라고 보았다. 물에는 리가 없으며 마음에 성(性), 정(情), 리(理)가 있는데, 이미 마음 안에 선이 가득 차 있다는 것이다. 즉, 배우지 않고도 알고 할 수 있는 것을 의미한다. 그것이 바로 치양지이다. 격물(구호물품)을 만나면 내 마음에 측은지심을 투영(치양)하여 배고픈 걸인에게 기부할 수 있을 것이다. 사물에 그대로 마음을 투영시킬 수 있다는 것이다. 성리학과 양명학에서 동시에 금하는 것은 사욕(私慾)이다. 성리학에서는 칠정(七情)인 희노애락애오욕이 사욕으로 넘어갈 수 있다. 그것은 리학에서는 드러나면 안 되는 것들이다. 그러나 근대에 들어 신윤복, 김홍도는 그들의 감정과 살아 숨 쉬는 서민들의 표정과 해학 등을 표현하여 기의 측면을 강조하는 그림을 그렸다. 양명학의 왕수인은 희노애락애오욕, 인의예지 등의 것들을 중요하게 생각했다. 조선에서는 양명학을 공부한 사람들은 이렇게 이단적인 측면의 내용으로 인해 '사문난적(斯文亂賊)' 으로 몰려 갖은 고초를 겪으며 숙청당했다.

조선 시대의 권력 구도는 동인(이산해)과 서인(정철)-이이로 이어졌다. 이어서 동인은 남인과 북인으로 나누어지는데, 남인은 야당과 같은 역할을 했고 북인

13) 이정우, 세계 철학사2, 길, 2018, p179

은 광해군과 곽재우 등이 있었는데, 숙청당했다. 야당의 역할을 했던 남인은 기독교의 영향을 받은 정약용과 정조, 장희빈 때 잠시 집권한 것을 제외하고는 계속해서 재야의 세력으로 지냈다. 서인은 노론과 소론으로 나뉘는데 인조반정 이후 계속해서 조선 말기까지 권력을 잡게 된다. 소론은 양명학을 취했는데 인조반정 때 사문난적(斯文亂賊)으로 몰리게 되어 숙청당했다. 이렇게 노론은 인조반정 이후 계속해서 여당(보수)의 입장을 취하게 되었고, 계속해서 조선 말까지 권력을 유지하게 되었다. 이러한 계보는 이후 친일 세력까지 이르게 된다. 이들은 임진왜란 이후 체재를 다시 세우는 신분 질서를 강조하여 예학(예절) 및 보학(족보 등의 위계질서) 등을 강조하여 보수적인 관념론의 시각을 고수했다. 앞서 언급한 주류학파와는 달리, 정재두는 강화도에서 양명학을 퍼뜨리고 영향을 주었다. 그는 '희' 를 실천하면 그것이 곧 '리' 이다 라고 주장했다. 이후, 우리나라에서 양명학은 실학파나 정제두가 효시가 되는 강화학파에 의해 연구되었으나 평등사상이 기반이 되기 때문에 노론 계열의 기득권 세력에 의해 사문난적(斯文亂賊)으로 낙인받아 강하게 박해를 받았다. 또한 일본에서는 나카에 토오쥬, 구마자와 반잔이 양명학을 연구하면서 도쿠가와 막부의 주자학을 전면 비판했으며 이시다 바이칸은 양명학에 영향을 받아 '세키몬 심학(心學)' 을 확립했다. 양명학의 발전은 이후 전파되는 과정에서 중세의 신분주의에 대한 타격이 되었다.

–심학(心學)

심학은 문자 그대로 마음(心)의 문제를 주요 주제로 삼는 학문체계를 말한다. 심학은 마음을 주제로 하는 동북아 사상을 주로 다루고 있다. 그것은 마음의 수양론이 중심이 되면서 사회질서를 위한 도덕론 더 나아가 세계의 운행원리까지 확장시켜 세계의 이해와 행동 방식에 대한 윤리적, 사회적, 철학적 문제를 결합한 방식으로 발전한 학문체계를 의미한다. 심학은 대체로 세 가지 학문 경향이 있다. 심학은 대립적인 측면이 있는 사상의 학문을 똑같이 심학으로 사용하고 있고 서로 영향을 주고받은 부분을 동시에 심학이라고 칭하기 때문에 혼란스러운 부분이 존재하고, 따라서 구분이 필요하다. 우선 주자학에서 심학 부분과 둘째, 양명학에서의 심학이다. 그리고 불교에서 마음의 문제를 다루는 심학이 그것이다.

혼란이 있을 수 있는 부분은 주자학의 심학과 양명학의 심학이다. 두 사상은 처음부터 리기론에 있어서 대립적인 학문체계였다. 리와 기가 섞이지 않고 분리되는 가운데 성즉리론, 즉 리를 강조하며 사단의 순리로 수행, 정진해야 한다는 마음 수양 방법론을 성리학에서는 심학으로 구분한다. 사단이 발현되는 리로 나아가기 위해 기라는 칠정을 다스리는 방식으로 보는 것이 심학이다. 이와는 달리 양명학의 심학은 칠정의 마음을 본체로 보고, 기가 발현되는 과정에 리는 자연스럽게 드러난다는 리기일원론을 주장한다. 마음을 본체로 바라본다는 그 학문체계 전체를 심학이라고 하는 것이다. 성즉리설(性卽理說)을 표방하는 주자학과 심즉리설(心卽理說)을 내세운 양명학은 마음 자체(본체)를 우주 본체로 보고 논의하기에 차이가 있다. 따라서 각각의 심학을 이야기할 때, 이 부분을 명확하게 인지하고 있어야 한다. 또 한편으로 불교에는 심학이 있는데 불교 자체가 번뇌를 끊고 마음을 다스리며 해탈로 나아가는 과정을 중시하는 종교이므로 그 자체로 심학의 측면이 있다. 특히 바수반두(세친)의 유식 불교와 그로부터 영향을 받은 화엄 사상과 후에 원효의 일심(一心) 사상 등이 마음을 수양하고 다스리는 방법론과 마음의 구조에 대해서 논하고 있기에 심학이라고 한다. 간단히 정리하면 이렇게 세 가지 유형의 개념 내용에 따라 '수양론적 심학(주자학)' 과 '본체론적 심학(양명학)' 그리고 '불교의 심학' 으로 구분할 수 있다. 물론, 시기로 보았을 때 불교의 심학이 제일 먼저이고 주자학과 양명학은 유교, 불교, 도교의 사상과 이론이 종합되었으므로 불교로부터 세련된 마음에 대한 인식론으로부터 많은 영향을 받은 것만큼은 분명한 사실이다. 양명학은 마음을 우주의 본체로 파악하고 있다. 특히 양명학은 독자적으로 중국화 된 불교인 선불교의 사상, 즉 마음을 우주의 본체로 파악하고 있는 선불교 사상에서 많은 영향을 받았다는 것이 정설이다.

사회적으로 주자학을 중시하는 입장은 "마음은 기질이요 성품은 이치(心氣性理)"라는 개념을 중심으로 하기에 사단의 성이 리로서 중시되고 칠정의 기는 낮게 보는 성존심비설(性尊心卑說)의 위계를 설정한다. 이를 위해 학문을 존숭하며 익히고 이후, 그 이론을 바탕으로 수양에 힘쓰고 사단의 리를 더욱 고결하게 강화시켜야 한다는 입장이다. 물론 주자학과 양명학은 사단의 내용을 중심으로 하기 때문에 이러한 논쟁은 사단을 중시한 맹자의 사상을 그 기원으로 한다. 당시의 신분제와 사회적 여건을 생각했을 때 그러한 양질의 교육을 받고 수양할 수 있는 여건과 시간을 가진 사람은 기득권 세력일 수밖에 없을 것이다. 따라서 주자학은 보수적인 입장이다. 그러나 양명학은 마음 수양을 하면 리(理)까지도 자연스럽게 발현된다고 보기 때문에 복잡한 리의 개념을 굳이 공부하지 않아도 된다는 입장이다. 따라서 백성들이 쉽게 다가설 수 있는 사상이기에 기득권 입장에서는 평등과 신분제의 질서가 와해될 수 있는 위험성을 내포한 사상이라고 생각될 수 있다. 따라서 리와 기의 논쟁은 보수와 진보 혹은 기득권과 새로운 세상을 꿈꾸는 세력들 간의 치열한 논쟁이 될 수 있는 폭발력이 있는 사상이었던 것이다. 그런 의미에서 왕수인의 양명학(심학)은 주자학과는 대척점에 서 있으면서, 기존 기득권이나 권위를 회의하고 개인의 독립적인 주체화를 중시했던 근대의 사상에 있어서 효시가 되는 사상으로 인정받고 있다.

한국 유교의 특성과 성리학의 주요 논쟁

한국 유교의 특성 중 중요한 것은 무엇일까? 한국 유교는 고대 유교와 성리학에 근거하고 있지만, 한국 유교는 교리의 이상적 가치를 철저하게 실제에 적용하여 이상적인 도덕 사회를 실현하고자 하는 형이상학적 실천 의지가 중국보다 더욱 강력했다는 점이 특징이다. 특히, 중요한 점은 조선이 철저한 관료문화를 통해 비록 왕이라도 '왕도정치(王道政治)' 라는 큰 대의(大義)에 따라 관료들의 정치적 견제를 받으며 백성을 위한 정치를 펼쳐야만 하는 통치 시스템을 유지해왔다는 점에 있다. 그러나 조선의 사대부들은 주자의 리기일원론을 중시하며 교조적인 방식으로 신봉하였고, 주자의 학문 체계하에서만 논쟁이 가능한 사회 분위기(dogma)를 만들었다. 이것이 조선의 강력한 성리학의 이데올로기 체계로 지속시키는 힘이 되었다. 그 결과, 리기일원론의 담론은 깊어졌지만, 그 외의 학문적 다양성은 반대로 황폐해짐으로써 근대로의 이행이 늦어졌다는 단점도 존재한다.

조선이 600년이라는 긴 세월을 큰 무리없이 통치 시스템을 유지하며 유교 국가로서 강력하게 존재되어 왔던 이유는 바로 사상적으로 도덕적 이상 국가 건설에 있어서 철저하게 성리학적 관점을 계승, 발전시켜 왔다는 점에 있다. 그러한 점이 조선의 근대화 부분에서의 한계, 물질적 뒤처짐을 가져와 외세의 침략에 있어서 큰 문제점을 보이기도 했지만, 적어도 통치 시스템만큼은 이전 시대와 비교하면 적절한 견제와 균형을 이루며 실행된 역사를 만들었기에 통치 체계가 유지될 수 있었다. 조선은 왕과 관료라는 '시스템' 에 의해 국가가 운영되는, 진화된 국가였기 때문이다. 거기에는 특히, 유, 불, 도 등 동북아의 사유와 가치관과 세계관이 모두 융합된 성리학의 사유가 중심이 되기 때문에 가능한 것이었다. 오늘날의 관점에서 보았을 때, 유교를 근대로의 이행에 있어서 경쟁력을 약화시키고 고리타분하게 만드는 구시대의 유물로 치부할 수도 있을지 모르겠다. 그러나 그런 식으로 대접받기에는 그 자체에 깊은 역사적 흐름이 농축되어 있기에 조선이라는 나라의 600년 동안의 존속이 가능했던 것이다. 그 실질적인 사상은 조선의 건국과 함께 시작되어 지속되었고 도덕적 이상 국가를 실현하기 위해 전체 구도를 설계하고 실천한 인물은 정도전으로부터였다고 볼 수 있다.

리의 질서를 중심으로 하는 예치국가로서, '마음의 도덕 정치학' 을 수립하고자 했던 조선의 노력과 논쟁은 계속되었다. 리 중심의 마음의 법도를 중시하는 문화는 사대부의 검박하고 소탈하면서 질서가 잡힌 건축 기풍을 만들어내는데 영향을 끼쳤다. 그러나 기 중심의 철학이 계속해서 논의되었던 역사를 보여왔던 만큼, 그에 맞추어 생기의 철학이 중심이 되는 특성이 보이는 건축문화도 살펴볼 수 있다. 한국 건축에서도 리와 기의 대립적인 사상의 방향성에 맞추어 구축되었던 건축 경향이 존재하지만, 조선에서는 그 가운데 리의 합리적 요소가 더 강하게 작용하는 경향을 보인다. 이러한 부분을 확인하기 위해 정도전의 사상으로부터 시작해보기로 하자.

0310 성리학의 국가 이데올로기 체계 수립과 발전

성리학을 중심으로 하는 유학의 나라 조선은 '천리(天理)의 실현' 과 '도(道)의 실천' 을 삶의 목표로 설정했다. 그러나 사상은 시기와 외적 조건의 맥락에 따라 당파적으로 이용되는 특성이 있기에 어떤 경우에는 전혀 다른 모습을 보이기도 한다. 때때로 사상은 항상 현실을 극복하기 위한 비판과 변혁의 논리의 도구로 사용되었고, 때로는 체제 유지를 위한 악의적 도구로 사용되기도 했다. 들뢰즈의 논의대로 어떠한 외적 변수라는 맥락에 놓여 있는가에 따라 요소들이 달리 결합되어 작용하면서 다른 의미의 결과들을 만들어낼 수 있기 때문이다.

정도전이 불교국가인 고려를 무너뜨리고 새로운 국가인 조선을 세우는데 혁명의 사상적, 국가적 기틀을 세운 시기에는 유교 사상이 진보적 성향의 파괴력을 선보였다. 그러나 안정기에 들어서게 된 이후에는 유교 사상이 체제를 공고히 하고 반대 세력을 억압하기 위한 교조적인 이데올로기로 작용하여 다양한 학문적 풍토와 정치적 언로를 막아버리며 퇴행적인 수구사상으로 역할하기도 했다. 이러한 양상은 공산주의 사상에 영향을 받아 전제군주 국가를 무너뜨리고 소련을 세울 혁명의 시기에는 마르크시즘이 진보 좌파적 성향을 보이다가 안정기에 들어서면 체제를 수호하기 위해 철저하게 수구적 태도로 돌아서는 것과 유사하다. 시기와 입장에 따라 사상의 특성과 쓰임새가 달라졌던 것과 같이, 조선 사상사에 있어서도 유사한 측면을 보인 것이다. 따라서 과거를 평가하기 위해서는 현재의 맥락에서 판단하기보다는 당시의 맥락과 외적 변수를 이해하려는 노력이 선행될 때 그나마 올바른 판단이 가능하다.

삼봉(三峰) 정도전(鄭道傳, 1342~1398)은 혁명가이자 '조선의 설계자'라고 인정되는 유학자이다. 그는 문무를 겸비한 혁명가였다. 그는 전라도 나주 회진현에서 유배 생활을 하면서 백성들의 어려운 삶과 지도자들의 위선에 대해 깊은 반성을 하면서 위민의식(爲民意識)을 키웠다. 정계에 복귀한 이후, 그는 민본사상을 중심으로 개혁을 지속했다. 이성계의 위화도 회군 이후, 그는 정권을 잡고 조선을 건국하고 성균대사성에 임명되었다. 그는 전제 개혁안을 적극 건의하고, 조민수(曺敏修) 등 구세력을 제거해 조선 건국의 기초를 닦았다. 그는 태조에게 『조선경국전(朝鮮經國典)』을 지어 올리고 한양 천도를 계획하고 실천하였으며, 수도 경영에 주도적으로 참여하며 조선 건국을 진두지휘했다. 한편 그는 요동(遼東) 수복 운동에 박차를 가해 군량미 확보, 진법훈련(陣法訓鍊), 사병 혁파를 적극적으로 추진했다. 또한 『불씨잡변(佛氏雜辨)』을 저술해 배불숭유(排佛崇儒)의 이론적 기초를 확립하였다. 9년 동안의 방황과 함께 불교의 사회적 폐단과 철학적 비합리성을 비판, 공격하고, 성리학의 위상을 높이 세워 강력한 유교 이데올로기 국가를 세우는데 공헌

했다. 그러나 부국강병의 기틀을 바로 세우기 위해, 그는 주자학에서 이단시하는 내용도 포용하기도 하면서 부국강병을 실현할 수 있도록 제도를 개혁했다. 또한, 백성들의 마음을 얻기 위해 일정 부분 불교, 도교 등을 수용하기도 했다. 엄격한 성리학의 기초 위에 조선이 건국되었지만, 그는 자신의 의도를 관철하기 위해 유연하게 민심을 통합하는 전략을 취한 것이다. 정도전은 『조선경국전』을 통해 조선의 통치 규범을 종합적으로 제시하여 경세론(經世論)을 밝혔다. 정도전의 직업관은 사농공상의 직업분화를 인정하고 있으나 사(士) 계급이 지배층이라고 생각했다. 그는 왕이 있지만, 재상이 최고 실권자가 되어 권력이 분화된 관료체계를 이상적인 정치체계로 생각했다. 이것은 봉건국가 체제에서는 어쩔 수 없는 한계라고 할 수 있다. 맹자로부터 강한 영향을 받아 왕의 실책이 계속될 때에는 역성혁명이 가능한 것으로 보았다. 그의 개혁안은 상당 부분 제도화되었지만, 모두가 작동한 것은 아니었다. 특히, 그는 이방원의 갈등에서 이상과 현실의 갈등을 경험했고 결국 죽임을 당했다.

유학자인 정도전의 관점에서 보았을 때 불교는 인륜을 무시하는 종교이다. 그는 불교가 공(空)을 중심으로 하여 모든 것을 허망하게 생각하도록 유도하고 부모와 자식과의 천륜적인 관계 자체도 부정한다고 공격한다. 또 그는 도교 역시 장생불사(長生不死)의 신선 등을 중시하는 것을 두고 허무맹랑한 사상으로 가치를 폄하했다. 그는 리를 중심으로 하여 올바른 행실에 따라야 한다고 역설한다. 인간의 본연지성(本然之性) 즉, 본래 가지고 있는 마음의 특성 자체가 선한 리이며 그것이 발현하는 대로 갈고 닦아 선한 특성(性)을 발현시켜야 한다는 입장이었다. 즉, 정도전은 리가 천지보다 먼저 존재하고 기도 리에서 생겨난다고 하여 리가 존재의 궁극적인 근원임을 가장 근본적인 명제로 생각한 것이다. 그의 시각에 따르면 이 세상 모든 물질적 존재는 기가 응결된 것인데 거기에는 이미 리가 내재되어 생성된 것이기 때문에 리는 우주의 궁극적인 원리이자 세상 만물을 만들어내는 것이고, 리가 내재하여 모든 기에 관통하여 내재한다고 본 것이다. 리 없는 물질 혹은 신체는 단지 고깃덩어리에 불과하다는 관점이기 때문에 사람이 사람다울 수 있는 것은 바른 생각 즉, 사단에서 측은지심과 같이 옳은 마음(리)이 잘 발현될 수 있도록 실천하고 수행해야 한다고 보았다. 그의 시각에서 리는 우주의 원리이자 그것이 구체화 된 도덕 규범이기 때문에 그것을 실천하고 도덕적으로 지키며 살아야 하는 것으로 보았다. 정도전은 천리를 실천하는 인간, 천리가 실현되는 사회를 지향했다. 조선에서 끝까지 리를 중심으로 하는 교조적인 주자의 생각이 관철된 것은 조선의 사상과 국가관을 정립한 정도전의 체계가 꾸준하게 이데올로기로서 유지되었기 때문이다. 이를 위해 그는 사대부가 중심이 되어 왕권과 적절한 견제를 이룰 수 있는 체계를 확립시켰다. 사대부는 철저하게 능력을 중심으로 선발되는 시스템을 정착시켰는데, 또한 왕도 함부로 왕권을 휘두를 수 없고 언로를 열어놓아 사대부 관료들의 의견에 귀 기울여야 하는 체제를 만든 것이다. '1년 차 언관이 조정을 향해 소신에 찬 발언을 할 수 있었고 조정은 일개 말단 관료의 발언을 진지하면서도 치열하게 검토해 결국 왕으로 하여금 받아들일 수 있게 할 수 있었던 시스템, 그리고 그 시스템을 살아있는 제도로 활용할 수 있었던 인적자원, 즉 도학으로 무장한 사람들이 존재했던 조선의 시스템은 이러한 관점에서 나올 수 있었던 것이었다.' 14) 적어도 조선 초기에는 이러한 바람직한 국가 시스템이 제대로 작동할 수 있었다.

정도전의 혁명론의 당위성은 맹자의 측은지심을 중심으로 하여 '백성의 인심을 어떻게 얻을것인가' 의 문제가 핵심이었다. '맹자의 사상은 군주의 정통성 문제에서 임금과 백성 및 하늘의 관계가 개입된다. 또 맹자는 '서경의 하늘은 백성이 보는 것으로 보고, 하늘은 백성이 듣는 것으로부터 듣는다' 라는 말을 인용해 하늘과 백성의 관계를 설명했다. '하늘이 백성이 보는 것으로부터 본다는 말은 궁극적으로 백성이 보는 것이 곧 하늘이 보는 것이다 라는 의미이다. 확장하면 백성의 뜻이 곧 하늘의 뜻이라는 말이 된다.' 15)라는 그의 의견과 같이 뒤집어 이야기하면 백성의 뜻에 어긋나면 혁명의 당위성이 확보될 수 있다는 것이다.

14) 김용헌, 조선성리학, 지식권력의 탄생, 프로네시스, 2010, p98
15) 상게서, p28

관습적인 제도와 기득권에 대한 개혁과 변화는 항상 큰 희생과 노력이 드는 법이다. 비록 정도전의 개혁과 이상이 당대에 모두 실현된 것은 아니며, 후대에 상당 부분 실현되기도 하고 다른 방식으로 변질되기도 했지만, 조선의 600년 역사가 지속될 수 있도록 만드는 청렴하고 평등한 관료사회와 정치체계를 만드는데 큰 역할을 한 것만큼은 분명하다. 그의 사유는 성리학을 중심으로 했지만, 현실적인 불교 세력과 사상과 도교적인 생활문화풍습과 세계관이 종합되어 있는 사상을 당시의 시대상에 맞게 최신식으로 개혁한 것이었다.

조선은 개국 초기부터 강력한 유교 이데올로기를 중심으로 이끌어졌던 국가였으므로 주자의 리기이원론을 중심으로 하는 교조적인 분위기가 지배하고 있었다. 반도의 특성상 사유와 문화가 도입되고 일본으로 전파되었지만 교조적인 유교 이데올로기와 사상은 더욱 심화되었다. 심화된 이유에는 사상의 발전을 들 수도 있지만, 외골수와 같은 사상의 신봉으로 인해 사상의 다양성이 훼손된 측면과 과학기술 상업 등의 천시로 근대화로의 이행이 늦어졌었다는 치명적인 단점이 있었다. 이와 마찬가지로 조선시대에는 건축에 있어서도 교조적이고 질서를 중시하는 유교 건축이 우세했으나, 불교, 도교적인 대중 정서는 계속해서 유교적 관점으로 해석한 불교, 도교의 건축적 특성을 통합한 한옥이 통합되고 종합되어 섬세하게 발전하였다는 점이 특징이다.

0311 이황과 기대승의 사단칠정 논쟁

리의 질서를 중심으로 하는 예치국가이자 마음의 도덕 정치학을 수립하고자 했던 조선의 노력과 논쟁은 그 수준이 높고 심원한 것이었다. 논의의 상징적인 사건으로 조선의 이황과 기대승의 유명한 사단칠정 논쟁이 있다. 이러한 논쟁은 역시 건축에 있어서도 상당한 영향을 끼쳤다. 이러한 세계와 사물에 대한 시각의 차이가 결국 물질과 공간에 있어서 차이를 발생시키고 있음을 확인할 수 있다.

성리학에서 인간은 현실적으로는 물질이면서 욕망과 감정으로서의 기질을 함께 가진 존재이다. 본연의 성(性)을 지닌 존재는 이상적인 것이고 성인으로 가야만 하는 추상적인 방향성이다. '본연의 성은 글자 그대로 본래의 성, 즉 이상으로만 존재하는 성(性)일 뿐이다. 그렇다면 이상사회의 건설은 본연의 성이 아니라 기질의 성에 초점이 맞추어져야 현실적인 의미가 있다.' [16] 추상적인 성(性)의 원리를 상징하는 사단의 리(理)와 구체성, 물질성 혹은 육체성을 의미하는 칠정의 기(氣)의 구분과 함께 이것이 어떻게 작동하며 세상을 운행하게 하는가는 계속되는 논쟁이었다. 특히 '리가 과연 스스로 움직일 수 있느냐' 라는 문제는 송, 명, 그리고 조선 유학사에서 첨예한 논쟁으로 당파적으로 국가를 운영하는 근본적인 문제가 되었다. 양속에 음이, 음속에 양이 존재하면서 운행하는 힘을 가지게 된다는 주돈이의 태극도설로부터 리와 기가 나오는데, 리가 실행되기 위해서는 반드시 기의 움직임이 있어야 한다. 문제는 어떠한 일이 실행될 때 리가 자연스럽게 드러나는 것인지, 리가 먼저 존재해서 기가 후발적으로 실천되는 것인지에 대한 논쟁이 핵심이었다. 주자의 논지는 리 자체는 원리로서 움직일 수 없다고 보았다. 앞서 언급한 바와 같이 조선의 사상적, 국가적 체계를 설계하고 정립한 정도전 역시 리가 천지보다 먼저 존재했고 기 역시 리에서 발생했다는 입장이었기 때문에, 주자의 입장에 서 있었다. 그러나 마치 데카르트와 스피노자의 사상이 거의 동시대에 등장하였지만 상반된 입장이었던 것과 유사하게 주자와 육구연은 리 중심인가, 기 중심인가의 서로 대립되는 관점으로 실제 논쟁을 벌이기도 했다. 육구연은 칠정의 기로 이루어지는 마음을 중시하여 경전의 학습보다는 마음을 되찾고 올바르게 마음을 보존하는 공부 방법을 중시하던 입장이었다. 이후, 그는 왕명학(심학)의 뚜렷한 학문적 계보를 만들게 되었다. 조선에서는 이러한 계열의 학문을 사문난적으로 몰아서 철저하게 박해하며 교조적인 체계를 만들었고 주자의 기본적인 사상을 중시하여 리 자체는 움직일 수 없는 것으로 귀착된다. 결국, 조선에서는 리는 조작할 수 없는 것으로 확정함으로써 리 자체가 기를 생성할 수 없는 것으로 결론지었던 주자의 논리를 성실하게 따랐다. 이황과 기대승의 치열한 논쟁으로

16) 상게서, p122

인해 결론적으로 조선은 주자의 논리가 더욱 수준 높게 논의되고 현실정치에서 실행되며 심화된 특성을 보인다. 이 과정에서 체용론이 심화되어 등장했고 그 수준을 높이게 되었다. 리가 기를 낳고 리 자체에 체와 용이 있다고 주장한 사람은 조선의 유학자 퇴계 이황이었다. '리 중심의 사상이 우선이다.' 라는 결론으로 끝맺음하게 된 이 논쟁은 자연의 이성이 만물에 우선한다는 선언이었다. 퇴계는 이를 위해 자신의 서원을 이러한 원리에 의해 건축했다. 철저하게 리 중심의 건축을 구현한 것이다.

고려 시대를 관통했던 불교사상과 연계된 지배체계는 고려 말에 이르러 여러 가지 폐해를 낳고 있었다. 때로는 이러한 폐단을 극복하고자 자체적인 정화 운동이 벌어지기도 했지만, 사대부 세력의 등장과 함께 귀족 세력과의 갈등이 심해졌고 이후 사대부 관료 중심의 조선이 건국되고 나서는 주자의 성리학을 중심으로 하는 유교 이데올로기 국가체계가 성립되었다. 그들은 철저한 예의 정신에 따른 위계과 질서, 구분을 실천했으며 이를 통해 강력한 유교 이데올로기를 실행했다. 조선은 과거제를 통해 유능한 인재를 등용하여 국가를 다스려 나가고자 했으며 왕도 관료체계와 법체계 및 민심(천심)을 두루 살피고 두려워해야 하는 체계를 수립했다. 거기에는 성리학의 리를 중심으로 하는 수양론이 사회 및 세계 전체로 확대되어, 도덕적 이상국가를 만들고자 하는 유교 사상이 기본적인 토대가 되었다. 이황과 기대승은 주자의 성리학을 중심으로 하여 리와 기의 관점을 달리하여 통치에 있어서 근본적인 방식의 차이를 두고 논쟁하여 동북아 유교 사상 발전에 있어서 큰 위업을 달성했다.

—이황(李滉)

이황은 본인이 숭상했던 주자의 사상에 영향을 받아 철저하게 리와 기로 이루어진 세계에서 리에 중점을 둔 사상을 강조했다.[17] 리기이원론(理氣二元論)을 주장하는 이황은 리가 형이상의 도(道)로 작용하고 기는 형이하의 기(器)가 되어 세계를 구

17) 이황(李滉)은 조선 중기 문신이자 유학자로 성균관 대사성, 대제학, 지경연 등을 역임했다. 20세를 전후하여 『주역』 공부에 몰두하면서 건강이 나빠져서 국가의 부름에 응하지 못하는 경우가 많았다. 그러나 자신의 수양 및 학문을 위해 거절하는 경우도 많았다. 1560년 그는 도산서당(陶山書堂)을 짓고 학문에 정진하면서 많은 제자를 양성했다. 또 왕자의 교육을 위해 『성학십도(聖學十圖)』를 저술하기도 했다. 그는 주자대전을 완벽하게 공부함으로써 주자학을 정통하게 이해한 학자였다. 조선 성리학 발달의 기초를 형성했으며, 리(理)의 능동성을 강조하는 리기호발설(理氣互發說)을 주장했

성한다고 보았다. 여기서 이황은 리와 기는 절대로 섞일 수 없으며 분별되어야 한다는 확고한 입장을 견지했다. 이른바 리기이원론이다. 다만 주자의 경우, 리는 고정적인 것으로 움직일 수 없다고 생각했고, 이와는 달리 이황의 경우 기대승과의 논쟁 끝에 리가 기의 움직임에 따라 올라탈 수 있다는 운동성을 인정했다. 리는 그 자체로 선한 것이고 기는 운행에 따라 선할 수도, 또 악할 수도 있다는 입장이다. 기는 쉽게 변할 수 있는 감정이므로 리가 그것을 적절히 통제해야 한다는 입장이다. 물론 리와 기는 따로 떨어져서는 안 되는 것이라고 생각하는 점에서는 심학과 공통점이 있기는 하지만 리가 우선이고 기는 이후 따라서 발생한다는 점에서는 차이가 있다.

이황은 맹자로부터 기원한 사단(四端)을 본연지성에서 드러난 정(情)으로, 희노애락애오욕(喜怒哀樂愛惡慾)의 칠정(七情)은 기질지성에서 드러난 정(情)으로 보았다. 그리고 사단(四端)은 도심(道心), 칠정(七情)은 인심(人心)이며, "사단은 리의 작용이며(四端理之發), 칠정은 기의 작용으로부터 나타난다(七情氣之發)"는 이기호발설(理氣互發說)을 주장했다. 리와 기를 구분하고 섞이지 않는 상태에서 사단은 이성으로부터 발현되는 것이고 칠정은 인간의 감정인데 감정이 드러날 때 리가 올라탄다는 것이다. 인간의 보유 본성은 '성(性)' 인데, 그것이 드러나는 양태는 '정(情)' 이며 성이 정으로 드러나는 것이 '심(心)' 이다. 기대승은 주자의 학설에 따라 리와 기는 떨어질 수 없기 때문에 사단과 칠정을 나누어 생각할 수 없다고 보았고 이에 이황의 의견을 비판했다. 그러나 이황은 리와 기는 붙어있는 것이지만 구분이 없을 수는 없다고 보았다. 이황은 기대승과의 논쟁에서 그의 논쟁을 일부 받아들여 사단은 리가 발현한 것이고 칠정이 발현할 때 기가 발현되는 과정에서 리가 올라탄다는 의견을 주장했다. 이후, 이러한 논쟁은 이이와 성혼과의 논쟁으로 이어져 사단칠정 논쟁은 조선사회의 주요한 사상적 관심사가 되었다. 또한 이황의 학문은 후에 일본에 전해져서 기몬 학파 및 구마모토 학파에게 존경을 받으며 큰 영향을 끼쳤다.

다. 이황은 기대승(奇大升)과의 사단칠정논쟁(四端七情論爭)을 통해 심성론(心性論) 연구를 독창적으로 발전시켰다. 그는 영남학파(嶺南學派)의 종조(宗祖)로서 주리론(主理論) 전통을 확립하였고 일본 성리학에도 큰 영향을 주었다.

이황은 도덕 수양론을 통한 도덕적 사회를 만드는 것이 중요하다고 생각했다. 따라서 리의 능동적 발현과 수양을 위한 심성론(心性論)이 중요하다고 보았다. 내용을 보면 보수적인 세력이 좋아할 만한 사상임을 알 수 있다. 그러나 형이상학적 명분만으로는 변화하는 세계에 대한 설명을 하는데 있어서 부족할 수밖에 없을 것이다. 그는 수양 방법으로 '거경궁리(居敬窮理)'를 강조했는데 그는 리를 깨닫기 위해 격물해야 하고 수양함에 있어서 경(敬)의 자세로 마음을 바르게 닦아야 한다고 보았다. 이를 통해 사사로운 감정에 휘둘리지 않고 본연지성에 가까운 마음 즉, 리의 마음으로 나아갈 수 있다고 보았다. 이를 위해 존양(存養)과 성찰(省察)의 태도가 필요한데 그것을 위해 경(敬)의 개념을 중시한 것이다. 경으로 나아가려는 태도는 본연지성의 선으로 나아가고자 하는 의지인 것이다. 이황의 사상은 영남지방을 중심으로 계승되어 영남학파(嶺南學派)를 형성했는데, 그의 학문이 높게 평가받는 이유는 그가 중시하는 수양론에 걸맞는 숭고한 삶을 살았기 때문이다. 그는 140여회의 벼슬이 주어졌지만 70여회를 사임하고 자신의 학문을 높이고 수양을 게을리하지 않은 생을 살았던 진정성 있는 성학이었다.

그가 구성한 『성학십도』는 제1도 태극도(太極圖), 제2도 서명도(西銘圖), 제3도 소학도(小學圖), 제4도 대학도(大學圖), 제5도 백록동규도(白鹿洞規圖), 제6도 심통성정도(心統性情圖), 제7도 인설도(仁說圖), 제8도 심학도(心學圖), 제9도 경재잠도(敬齋箴圖), 제10도 숙흥야매잠도(夙興夜寐箴圖)와 도설(圖說) · 제사(題辭) · 규약 등 부수문(附隨文)으로 구성되어 있다. 제3, 5, 10도와 제6도의 중간 하도(下圖) 등 5개처는 이황의 독자적인 작품이고, 나머지 17개처는 상기한 선현들의 저작이다.[18] 그러나 이들 유학 사상이 독창적인 것은 이황에 의해 해석되어 독창적으로 다이어그램들이 배치되고 서로 유기적으로 연계시킴으로써 동북아 세계관과 주자의 성리학을 체계적이고 성공적으로 정리했다는 점에 있다.

'사물이 있기 전에 먼저 리가 있는 법이다. 예를 들어 군신이 있기 이전에 먼

18) 제1도는 도와 도설이 모두 주돈이의 저작이며, 제2도의 「서명」은 장재의 글이고, 도는 정복심(程復心)의 작품이다. 제3도의 제사는 주희의 말이고, 도는 『소학』의 목록에 의한 이황의 작품이다. 제4도의 본문은 주희의 『대학경(大學經)』 1장(章)이고, 도는 권근(權近)의 작품이다. 제5도의 규약은 주희의 글이고, 도는 이황의 작품이며, 제6도의 상도(上圖) 및 도설은 정복심의 저작이고, 도는 이황의 작품이다. 제7도는 도 및 도설이 모두 주희의 저작이고, 제8도는 도 및 도설이 모두 정복심의 저작이며, 제9도에서 잠은 주희의 말이고, 도는 왕백(王柏)의 작품이며, 제10도의 잠은 진백(陳柏)의 말

저 군신의 리가 있는 것이며, 부자가 있기 전에 먼저 부자의 리가 있는 것이다. 사물이 있기 전에 벌써 리가 존재하는 것이다.' (퇴계집(退溪集), 25권)

이 내용은 일견 세상의 모든 것은 세상의 기존 구조에 포섭되어 있다는 구조주의적 관점과 매우 유사하게 보인다. 매우 형이상학적이고 질서에 입각한 사유임을 쉽게 엿볼 수 있을 것이다. 또한, 이렇게 사물이 있기 이전의 초자연적이고 초월적인 존재와 힘을 전제하고 있는 그의 견해를 보면, 그가 물(物) 밖에 절대적인 외적 힘(신, 리)이 있음을 인정하고 있음을 확인할 수 있다.

그는 이이가 주장하던 리의 독자적인 운동능력을 부정하고 사물의 운동은 물질적인 기의 운동법칙에 의하여 지배된다고 주장한다. 이에 대항하는 주기파의 학자들은 문제를 제기했다. 주기파는 봉건 통치 이데올로기인 정통적 주자학에 대항하는 논리를 가져왔기 때문에 기 철학의 방법론을 중시했던 학자들 간에 상호비판과 학문적인 논쟁이 있어 왔다. 주리파는 주기파의 논리와 비판이 정밀하지 못하여 리를 철저히 이해하지 못함으로써 한쪽으로 치우쳐서 구체적인 형기(形氣) 일변에 떨어지고 말았다고 주장했다.

이러한 주장에 대항하는 이이의 논거는 다음과 같다.

기(氣)는 만물의 움직임을 대표하는 것이고 간단한 기의 움직임과 리듬 조화라는 생각으로 세상만사의 움직임과 생성의 작용을 포섭할 수 있는 원리이다. 이이는 다음과 같이 말하면서 기에 대해서 설명하고 있다.

"리가 아니면 기는 근거할 데가 없고, 기가 아니면 리는 의지할 곳이 없다. 때문에, 리와 기는 두 개의 물건이 아니며, 또 하나의 물이 아니기 때문에 하나이면서 둘이라 하고, 두 개의 물이 아니기 때문에 둘이면서 하나라 한다."[19]

태극과 음양론에 대해서 이이는 다음과 같이 말하면서 문제를 제기한다.

"선배들의 학설은 정말로 미진한 점이 있다. 오직 태극이 음양을 생한다고만

이고, 도는 이황의 작품이다.

19) 율곡전서 제 10권 답성호원 答成浩源

말하고, 음양이 본래부터 있으며 처음부터 생기는 때가 있는 것이 아니라는 것을 말하지 않았다. 이 때문에 그것만 보고 해석하려는 사람들은 기가 생기기 전에는 다만 리만 있을 뿐이라고 하니, 이것은 하나의 근본적인 오류이다."[20]

이러한 그의 견해를 볼 때, 그가 물(物) 밖의 외적 절대 힘(신, 리)을 인정하고 있다는 것은 분명하다.

수동적 운명 이론은 그 후, 조선왕조의 봉건적 신분 제도에 충실한 이데올로기로서 중대한 역할을 했다. 그의 리일원론적 형이상학은 봉건 통치 시기뿐만 아니라, 일제 식민 통치 시기에도 그리고 현재와 미래에도 민족간 투쟁과 민중들의 자유주의 인간화 투쟁을 무력화시키기 위한 이론으로 이용될 여지가 있다. 그러나 리와 기는 선후가 없다. 이이의 논의는 리기일원론 중심이라는 시대의 절대적 봉건주의를 비판할 수 없다는 점에서 어쩔 수 없는 체제에 순응하는 한계를 보인다. 율곡은 관념적인 리를 부정하는 시도를 했으나, 리(理)를 중시하며 봉건 왕조의 절대 권리를 수호했던 당시의 교조적이고 이데올로기적인 정치 분위기에 전면적으로 대항할 수는 없었다. 그것은 봉건제도를 떠나서는 자신의 신분 계급적 지위를 보존할 수 없었던 관료로서의 한계이기도 했다. 그는 퇴계가 주장하던 리의 독자적인 운동능력을 부정하면서 사물의 운동이란 전적으로 물질적 기의 운동법칙에 의하여 지배된다고 판단하여 운동에 관한 물리학적 합리론을 다음과 같이 제시했다.

–기 중심의 학문 흐름

성리학에서는 음양의 두 기가 잘 조화되면 모든 세계의 운행 법칙이 정상적으로 진행된다는 것을 말한다. 그러나 음양의 두 기가 잘 조화되지 않으면 천체의 운행이 도를 잃고 세계 운행의 때와 운행의 법칙 즉, 계절의 흐름이 순행하지 못하고 세상 운행의 법칙이 어긋나는 것이다. 성리학자들은 자연은 스스로 그렇게 되는 것이니 자연스럽게 기의 흐름에 따라야 한다고 보았다. 율곡은 사물의 운동, 변화

20) 율곡전서 율곡전서 제 9권 답박화숙答朴和叔

의 원인을 주리론자들처럼 그 어떤 초자연적인 외적 절대자의 힘에서 찾은 것이 아니라 자연계의 물리적인 음양, 리기의 상호작용에서 스스로 발생하는 물리 역학에 의해 움직이고 또 변화하는 것으로 보았다.

리의 질서를 중심으로 하는 예치국가를 수립하고자 했던 조선, 마음의 도덕 정치학을 수립하고자 했던 조선의 노력과 논쟁을 살펴보면 기 중심의 변화를 추구했던 학자들의 열망도 감지할 수 있다. 그러나 리 중심의 절대적 유교 질서와 이데올로기가 워낙 공고했기에 리 중심의 기초 토대를 근본적으로 부정하고서는 학자이자 관료로서 살아남기 힘든 역사적 한계도 존재했다. 따라서 기 중심이지만, 리의 질서를 근본적으로 거스르지 않는 한에서 논쟁하고 기의 변화를 긍정하고자 했던 한계 내의 형이상학적 논쟁은 물질과 공간에 있어서도 함께 공명하는 태도를 보인다. 기 중심의 생기의 철학이 계속해서 논의되었던 것, 그것이 건축에 미친 영향을 살펴보면 사유가 물질과 공간에 투사되는 양상을 감지할 수 있을 것이다. 이러한 내용은 이후 살펴보게 될 영남학파와 기호학파의 공간구성의 차이를 통해 인식할 수 있을 것이다.

기대승(奇大升, 1527~1572)은 조선 중기의 성리학자로 호는 고봉(高峰)이며 전남 나주(羅州)에서 출생하여 성균관 대사성, 대사간, 공조참의 등을 역임한 학자이다. 경세가로서 『논사록(論事錄)』이라는 경세 사상서를 저술하기도 했다. 그는 이황과의 서신 교환을 통하여 조선 유학사에 지대한 영향을 미친 사칠논쟁을 주도했다. 그는 이황의 리기이원론(理氣二元論)에 반대하고 "사단칠정이 모두 다 정(情)이다."라는 논리의 주정설(主情說)로 주기설(主氣說)을 제창함으로써 이황의 주리설(主理說)과의 대립적인 논리를 내세웠다. 기대승은 사림 정신에 투철한 논리라고 할 수 있다.

조선 시대 성리학에는 크게 두 가지의 흐름이 있다. 하나는 이황(李滉)이 제시한 심합리기설(心合理氣說)인데, 그것은 마음을 본체와 기질의 두 가지로 파악하는 입장이다.(리기이원론) 또 다른 하나는 이이(李珥)의 성리심기설(性理心氣說)로, '성품이 이치요, 마음은 기질' 로 보며 하나로 보는 입장이 있다.(리기일원론) 이것은 앞서 언급한 주자학의 심학과 양명학의 심학이 서로 개념상 대립적인 측면이 있는 것과 같이 리와 기의 구분을 인정한 가운데 리와 기의 중시하는 개념의 차이에 따라 각 학파의 입장, 추구하는 사회적 방향성과 이해하는 세계의 운행원리가 달라질 수 있기에 적극적인 논쟁 주제가 된 것이다. 그는 특히 태극도설과 관련된 우주론에 관심이 많았으며 근본에는 경세적 목적을 내포하고 있었다.

주자학은 불교의 심성론, 도교(음양가)의 우주론 등에 영향을 받아 유학에 접목했던 것으로, 형이상학적 우주론을 적용한 것은 유학의 통치론과 윤리학에 부족한 세계관, 우주관을 보완한 것으로 보아야 할 것이다. 역시 주된 내용은 유학의 통치와 자기 수양이 중심이며 단순히 율법과 같이 의무를 부여하는 것이 아니라 우주의 원리가 그러하므로 거기에 맞게 순응하는 것이 우주적 질서에 맞는 것이라는 명분을 세움으로써 통치원리와 자기 수양을 동일시하는 사회질서를 수립할 수 있기 때문에 강조된 것이다. 실제적인 중심은 경세학의 형이상학적 근거를 제시함으로써 경세학을 한 단계 끌어올리는 계기를 만드는데 있었다고 볼 수 있다. 기대승 또한, 수양론을 중시하면서 절약을 통해서 백성들의 부담을 줄여주는 소극적인 감세정책의 특성을 지닌 치인지학으로서의 경세론을 중시했다. 기대승은 특히 객관적인 경연을 통한 군주의 성덕을 함양하는 방법을 중시했고 훌륭한 관료 재상을 선별하여 적재적소에 현명한 인재를 등용하여 책임정치를 하는 것이 가장 중요한 부분이라고 보았다.

'사실 조선이라는 나라는 선조 이후부터 왕조 중심이라기보다는 사대부 중심의 나라였다. 따라서 사대부의 학문적 입장과 정치적 입장은 상당히 긴밀한 것이어서 조선 성리학은 흔히 알고 있듯이 주기파와 주리파로 나눌 수 없는 세밀한 구분을 요구한다. 순수한 철학적 입장에서 보더라도 비록 서경덕이나 임성주가 드문 기 철학자로 불리고 그들의 학이 기의 자연스러움에 입각한 우주적 생명을 강조하고 있기는 하지만 여전히 욕망을 긍정하고 있지 않다는 점에서 주자학의 범주에서 크게 벗어나지 않는다.'[21]라는 의견과 같이 사단칠정의 논의 자체도 진정한 의미에서 양명학과 같이 기를 중심으로 하는 학문체계라기보다는 리를 중심으로 하면서 깊이를 담보하게 하는 보조적인 방식으로 작용했다는 의견이다. 조선시대에 욕망을 긍정하는 철학은 허균이 유일하며, 한국의 양명학을 중심으로 하는 주기론은 사문난적(斯文亂賊)으로 몰려 그 씨가 말려졌기에 후에 실학으로 대표되는 정약용 역시 진정한 주기론자라기보다는 리학의 범주 안에서 기의 활동도 중시하는 학자라는 시각도 있다.

그러나 시대적 한계 내에서도 최한기와 같은 기학 중심의 근대성을 연구한 학자도 존재했으며, 정약용 역시 당파적 시련을 겪으며 현실에 적용할 수 있는 실학과 함께 현실적인 줄타기 가운데 주기론의 방향성을 제시했기 때문에 기중심의 계보로 새롭게 해석할 여지가 충분하다. 정약용의 제자들이 이후 현실정치의 주도권을 쥐게 된 것은 이러한 방향성과 무관하지 않다. 기 자체를 철저하게 배격하고 탄압하며 리 중심의 이데올로기를 실행하고 있었던 조선의 가혹한 학문적, 정치적 현실에서 정약용은 아슬아슬한 줄타기를 하며 실용적, 현실적 감각을 잃지 않았다. 동시에 기 철학의 방향성을 암시하는 학문적 자세를 견지했던 것이다. 암울한 유배 생활에서도 생을 긍정하면서 평등을 강조하는 천주교에 귀의하며 현실을 어떻게든 변화시키고자 했던 다산의 삶은 기의 실현 그 자체였다고 볼 수 있다. 그것은 전제군주 정치체계를 와해시키고 시민이 중심이 되어 세계를 변혁시키려 했던 서구의 욕망과 근대성의 특성의 씨앗이 내포되어 있는 사상이라고 보아야 할 것이다. 다만, 현실적으로 바로 실행할 수 없는 상황에서 조용한 혁명을 준비하는 음속의 양의 역할을 수행한 것으로 볼 수 있다.

0312 유교 중심의 불교, 도교의 포용의 영향

고대 유교와 성리학은 여러 가지 다른 측면을 지니고 있다. 고대 유교는 공맹으로

21) 함성호, 철학으로 읽는 옛집, 열림원, 2011, p174

대표되는 유교 사상과 이와 대립적인 노장사상으로 대표되는 도교사상, 겸애를 대표하는 묵가 그리고 법가 사상 등, 이후의 대부분 사유의 토대가 되었으며 이후 사상의 방향성이 확장되는데 있어서 중요한 학문적 토대를 세웠다. 따라서 각 사상의 흐름은 그 논리에 따라서 자신의 색깔이 선명하게 드러났다. 그러나 한나라 시기부터는 도교의 시각을 중심으로 유교를 해석하며 현학과 동중서의 태극도설이 등장했고 노자의 철학이 중심이 되어 제국을 지배하는 유교 철학으로 재해석되기도 했다. 한나라 시기에 도입된 불교는 수, 당 시기에 도교와의 경쟁으로 부족한 부분을 메꾸며 사상적으로 발전했고 당나라 시기에는 화려하게 꽃을 피웠다. 이후 송나라 시기에는 사대부들이 주도하여 유교를 중심으로 불교사상과 도교의 세계관을 결합시켜 신유교의 거대한 사상체계와 통치 이데올로기를 완성했다. 그것은 개인의 수양과 인격의 완성을 통해 전체 세계로 확대시켜 도덕적 통치체계가 원활하게 이루어지는 국가를 만들고자 하는 이상이 변경되어 실현된 것이었다. 인도로부터 전파된 사상의 특성은 일정 부분 논리성과 범아일여의 세계관과 선종의 수행 방법 등이 사대부의 마음 수행방법론에 영향을 미친 것이다. 또한 범아일여의 세계관에서 나의 도덕적 수양의 완성은 전체 세계의 도덕적 수양 및 세계의 이해와 연결된다. 그러한 사상은 또한 상당 부분 도교의 주역과 음양오행으로부터 영향을 받은 태극도설과 리기론으로부터 기인한다. 중국은 다양한 민족과 생활풍습 및 사상이 유입되었던 곳이며 이를 병립시켜 적절하게 인정하고 포용함으로써 다양한 민족들을 하나로 통합시켜나갔다. 주자학의 생성은 모든 백성들이 합리적인 선에서 이해하고 받아들일 수 있는 삼교 정립의 사유가 완성된 상징적 사건이다. 주자학의 삼교의 정립은 인도가 다양한 사상과 종교들이 명멸되면서도 베다의 권위를 인정하는 힌두교로 통합되어 거대하고 도도한 사상의 저류지가 되는 능력을 보여준 것과 같이, 주자학 역시 동북아 사유가 통합되는 저류지의 역할을 한 측면이 있다. 또한 힌두교와 카스트 제도가 여전히 인도에 있어서 강력한 영향력을 발휘하고 있는 것과 같이 동북아에서 주자학(성리학)의 영향은 매우 강력하다. 그것은 주술적 민간신앙을 포함한 동북아 세계관의 도교사상과 정치철학과 윤리학을 발전시킨 유교 그리고 불교의 세련된 논리적 인식론의 체계와 종교적 특성이 결합되어 민중들의 일상생활과 정신세계 그리고 종교에 있어서 절대적 영향력을 끼쳤기 때문이다. 전통 건축문화에 있어서도 이 세 가지 영역의 특성들은 보통 주거 건축에 있어서 통합된 형태로 녹아들어 있다.

우리는 제자백가로 통칭되는 고대 유교의 특성을 살펴보았다. 한국의 사유에 영향을 주었던 공맹 사상과 노장사상은 대척점에 서 있으면서, 동시에 사유의 풍부함과 거시적 시각에서 보았을 때 통합성을 보인다. 조선의 성리학에 직접적인 영향을 주었던 주자학은 고대 유교의 학문적 특성을 중심으로 하여 불교의 인식론과 노장사상의 동양적 세계관을 통합시키는 학문체계를 보였다. 유교, 불교, 도교는 각자의 존재를 인정하고 경쟁하면서 발전했다. 각 종교는 자신의 방식으로 다른 종교를 해석하고 포용하고자 했고 그것은 사유의 통합뿐만 아니라 건축적인 포용과 복합적 특성에 있어서도 많은 영향을 끼쳤다. 동북아의 내재적 사유의 특성으로 인해 '마음의 도덕적 정치학'을 중시하는 방향은 동북아 사유의 큰 특징이며 이로 인해 나타나는 서양과는 다른 건축적 특성들을 만들어내는 원인이 되고 있다. 자신의 마음의 수양을 전체 세계의 질서와 통치의 방식까지 확장시키고자 했던 방향성은 동중서와 주돈이로부터 시작되어 장대한 동북아 세계관에 영향을 주었으며 기가 바탕이 된 사유의 계보와 함께 엄정한 질서와 생기의 변화를 수용하는 건축적 특성에 영향을 주게 되었다. 또한 불교의 사상적 특성, 도교의 사상적 특성이 유교를 중심으로 하여 재해석되며 동북아 건축의 완성을 이룬 지점이기도 하다. 이러한 사상적 지형을 이해한 후, 자신의 위치를 확인하고 미래를 향하면서 동시대적으로 사유하고 실현하는 것은 우리들의 몫이 될 것이다. 유교 건축, 궁궐 건축, 그리고 한옥의 장점들은 바로 성리학의 특성과 장점들이 사상과 공명하며 우리 선조들이 만들어낸 결과물이다. 따라서 이러한 성리학의 특성과 장점 그리고 건축의 공명을 살펴보는 것은 오늘날 동시대의 한국적 특성을 이해하고 새로운 방향성을 가지고 나아가는데 있어서 중요한 과제일 것이다.

유교철학과 연계된

PART II

건축담론

유교 건축의 유형과 특성

조선 시대의 마음의 도덕 정치학이 중심이 된다는 것은 건축에서 어떠한 의미를 가지는가? 마음을 중심으로 한다는 것은 세계와 나의 마음이 하나라고 하는 범아일여, 천인합일의 동양적 세계관을 중심으로 하고 있음을 의미한다. 그것은 불교의 인식론과 동양의 내재적 세계관의 특성들이 결합된 것이다. 세계와 나의 참 자아(진여)가 결국 하나임을 깨닫고 세상의 운행의 법칙을 이해하고 올바르게 수행하여 이상적인 도덕적 인격체가 되는데 성공한다면, 이를 세계로 확장시키기 위해 정치 지도자로 나아가 이상적인 도덕 국가를 운영할 수 있다고 보았다. 동양적 세계관과 인식론, 수양론이 결합 된 이후, 권력으로 나아가는 이상적인 통치체계까지 논리가 완성된 것이다. 나의 마음의 완성(진여)은 다른 이들의 마음과 연결되어 있다. 세계의 운행(도)에 어긋나지 않도록 자신을 삼가며 순리대로 올바르게 행동해야 하는 것은 옳고 바른 것을 알게 된 유교의 지식인이라면 목숨을 걸고 행해야 하는 것이 된다. 그것이 나의 마음과 다른 모든 이의 마음들이 동등하게 올바르게 하나가 될 수 있는 방안이다. 그래서 마음의 문제는 성리학에서 핵심적인 요소이다. 결국, 성리학은 세계에 대한 인식과 행동이 세계의 운행의 순리에 적합하도록 정치적 방향성까지 확장하여 담론을 구체화했다는 점에서 큰 의의가 있다. 건축 역시 세계의 운행의 도(자연의 변화)를 깨닫기 용이한 공간구조이면서 동시에 수행에 적합한 구조로서의 건축, 수행 파트너로서 중요한 역할을 수행한다고 보았기 때문이다. 조선 시대의 성리학적 질서 체계에서 건축은 오랜 시간 영향을 끼쳐왔던 풍토의 외적 조건에 대응하고 동시에 하늘과 하나가 되는 공간구조와 수행에 용이한 구조, 유학적 질서와 위계의 체계가 적용된 구조로 체계화 되었다.

유교 건축은 성리학의 유교 이데올로기 체계를 공고히 실행했던 조선에서 주로 발전했다. 성리학은 고대 유교와 신유학인 주자학을 중심으로 불교, 도교가 통합되어 있는 학문체계이므로, 건축에 있어서는 기존의 불교, 및 건축문화와 유교적 건축적 특성이 통합되어 구축되고 표현되었다. 특히, 사대부의 선비로서 검약과 절제를 강조하는 정신자세는 다른 시대에 비해 상대적으로 검박하고 엄숙하고 정갈한 분위기의 문화를 만들어내는데 영향을 끼쳤고 그러한 분위기에서 건축도 예외는 아니었다. 유교 문화와 통치 이데올로기 체계가 전반적으로 조선 시대를 관통하여 지배한 만큼, 궁궐(종묘 등), 서원 및 향교, 그리고 주거 건축에 있어서도 유교의 분위기와 특성이 강하게 투영되어 공간 및 표현에 있어서 영향을 주게 된 것이다. 그러나 그것은 단순히 질서와 위계를 중심으로 하여 엄숙한 것만은 아니었다. 조선의 유교 건축 및 주거 건축은 불교의 전형적인 가람의 문법 체계와 함께 선불교의 파격과 조화의 선종 미학 및 도교의 자연주의 세계관과 해학적인 특성 등이 융합되어 있다. 특히, 조선 시대의 반가건축은 한국 건축의 유전자를 종합하여 전 세대의 건축적 성취를 통합시키는 건축적 종합을 이루어냈다.

유교 건축은 앞서 언급한 대로 정명론(正名論)에 영향을 받아 군신의 관계, 장유유서(長幼有序)의 질서를 가장 중요한 가치 중 하나로 삼아 구축했다. 조선이라는 유교 국가의 모든 사회체계는 상, 하 관계가 있고 그 상하관계의 위치에서 자신의 역할에 충실할 것을 주문했다. 정명론 역시 이러한 상하관계와 직분에 맞추어 위계에 맞게 행동할 것을 촉구하는 것으로, 위계질서가 원활하게 이루어져서 큰 무리없이 국가체계가 작동하는 것을 바람직한 것으로 권장하고 있다. 경복궁과 같은 궁궐의 명확한 기하학적 체계와 위계, 서원의 선학제례(先學祭禮)와 수목적 위계질서, 안채와 사랑채의 분리 등과 같이 건축의 위계 설정과 명확한 질서 체계는 유교의 질서 체계를 중시하는 사상의 특성으로부터 영향을 받은 것이다. 구분이 명확하고 상하관계나 남녀관계가 명확해야 질서 체계와 정명론의 역할과 체계가 원활하게 이루어질 수 있기 때문이었다. 그러나 이러한 구분의 특성은 불교국가인 고려에서는 그리 크게 드러나지 않는 것이었고 조선 초기까지 이러한 분위기의 연장선상에서 크게 발전하지 못했다. 이러한 체계는 조선 건국 이후, 점차 발전하여 '17세기 이후 가례와 같은 예학이 강력한 사회규범으로 자리 잡으면서 정착된 것들이다. 특히 남자와 여자의 공간을 분리하는 주거 생활 습관은 조선 초까지만 해도 잘 지켜지지 않아서 유교 통치자들은 강제적으로 시행하려던 규범이었고, 16~17세기에 와서야 일반화된 내용들이다.'[22] 라는 언급과 같이 조선 건국 이후 상당 시간이 지나고 나서야 건축공간에까지 강력한 유교 국가의 이상이 물질화, 공간화되었음을 확인할 수 있는 대목이다.

2

유교 건축에서 보통 서원은 외부에서는 폐쇄적인 집합 형태의 경관을 보인다. 그러나 내부에서는 외부로 틔워져 있고 지면 레벨을 창조적으로 이용하여 낮은 담장을 통해 외부의 경치를 끌어들이는 차경(借景) 기법을 적극적으로 사용한다. 양반의 한옥(반가) 역시 마찬가지이다. 불교 건축이 외부로부터 내부로의 유입에 포용적인 반면, 유교 건축은 외부에 있어서는 선택된 인원만 받아들이는 폐쇄성을 보인다. 반면 유교 건축은 내부에서는 모든 공간으로 자유롭게 이동 가능하고 시각적으로 트여 있다. 이는 내부의 결속을 통해 외부로 통치 세력화하는 엘리트 집단의 인위적인 구심적 공간이라고 해야 할 것이다. 유교 건축은 질서에 있어서 통치의 내용을 보여주는 형이상학적 공간의 구현을 원칙으로 했다. 유교 건축은 전체적인 질서와 통치의 이념과 관련된 형이상학적인 담론과 그에 따른 세계관을 최고의 가치체계로 전파하던 기관이기 때문에 다른 건축유형보다 질서와 체계를 더욱 엄격하게 취급하여 건립했다. 유교 사상에 맞추어 건축물도 상, 하를 나누어 위계와 질서를 정하는 것은 자연스러운 것이었다. 건축물 자체가

2 서원의 폐쇄적 외부 경관

22) 김봉렬, 김봉렬의 한국건축 이야기2_앎과 삶의 공간, 돌베개, 2006, p197

인격 수행을 위해 함께 실행하는 중요한 파트너로서의 '존재'로 생각했기 때문이다. 질서를 강조하기 때문에 자연스럽게 성리학에서는 질서를 위한 높고 낮음의 위계가 뚜렷하다. 또한 유교 건축에서 중심축이라는 것은 질서이고, 기준이고, 구성 원리의 기본이며, 그것을 중심으로 하여 강한 대칭축이 설정되는 형이상학적 질서를 구현하는 요소이다. 그러나 옛 선조들은 규범을 강조하여 너무 이상적인 교리적 질서를 강조하면 딱딱하거나 굳어진 박제화된 결과물이 나오게 됨을 잘 인식하고 있었다. 따라서 일반 건축뿐만 아니라 서원 건축에서도 적절하게 구성에 변화를 주거나 비례, 각도, 치수, 배치 등을 상황에 맞게 변화시켜서 임기응변적인 배치 및 입면 요소들을 채택하여 구축했다. 이른바 도교적, 불교적 특성이 여전히 접목되고 있는 것이다. 그럼에도 불구하고, 다른 건축유형에 비해서 서원 건축은 질서 체계를 좀 더 중시한다. 성리학의 중요 규범 중 하나는 중용(中庸)이다. 한쪽에 치우치지 않고 중심을 잡아 쉽게 바뀌지도 않는 것을 의미하는 중용은 성리학의 모든 행동에 있어서 규범이 되고 있다. 음양오행에서는 중앙에 위치하는 흙(土)이라는 요소를 중심으로 순환하기에 흙이 가장 중요하듯이 동양사상에서는 중용적 가치가 매우 중요하다. 중용의 미덕은 전체적인 흐름에 어긋나지 않게 지나친 부분을 적절하게 다듬어 균형을 이루는 것이다. 따라서 각 부분이 완벽하지는 않더라도 다른 부분을 전체적 관점에서 조절하여 조화를 이루도록 하는 것을 특히 중시한다. 유교 건축을 요약하자면, 유교적 관점을 중심으로 하여 민간으로부터 내려온 도교적 건축 특성 및 불교의 전형적인 격식있는 건축의 발전과 세밀한 선종 미학적 특성을 종합하고 복합화시켜 통합적 전통 건축의 완성을 보였다는 점에서 중요하다. 이제 이러한 유교적 특성과 함께 유교 건축의 유형별 특성을 살펴보기로 하자.

0313 서원, 향교 건축의 특성

질서와 위계를 통한 도덕적인 국가체계의 원활한 수행이 목표였던 조선에서 서원은 중요한 국가 이데올로기 체계로서 작용했다. 강력한 유교 국가로서의 체계를 유지, 관리, 지속시키는 주요 인력들을 배출시키는 핵심적인 기능을 담당했기 때문이다. 서원은 오늘날의 교육기관으로 비교해보면 사립전문대학 정도로 생각해볼 수 있다. 관학인 향교는 지방에 위치하면서 공립 고등학교 정도의 위상을 지니며, 최고의 수재들이 모이는 성균관은 오늘날 최고의 대학교의 위상을 가졌다. 따라서 우수한 인재들이 모이는 성균관의 유생들은 과거시험을 거쳐 국가의 요직에 나아가게 되었다. 이러한 체계와 특성 자체도 하나의 교육체계이자 질서를 의미했다.

조선의 사대부들은 성리학적 자연관이 응축된 건축물로 주택 외에 정자나 누각, 정사(精舍)와 같은 유형과 사묘(祠廟) 건축, 그리고 궁궐에 이르기까지 유교의 가르침을 익힌 선비들이 생활의 필요와 학문의 정진을 위해 새롭게 건축유형을 다듬었다. 앞서 언급한 유교문화와 통치 이데올로기에 영향을 받은 건축군들은 크게 궁궐(종묘 등), 서원 및 향교, 그리고 선비들이 살았던 반가(班家)인 주거 건축 등을 들 수 있는데, 그 중 특히 서원 및 향교의 경우, 엄숙함과 격식은 다른 건축에 비해서 더욱 그 정도가 강하게 부각될 수 있도록 계획되었다. 서원 건축은 유교의 형성과 유지에 있어서 절대적이고 실질적인 교육과 인재 배출이 이루어지는 공간이자 '이데올로기 기구' 였기 때문이다. 서원은 특히 지방에서 성현들의 제사와 함께 성리학의 체계로 후학을 양성하고 정치 세력화하여 정치적 이상을 실현하기 위한 인재 양성을 목표로 했다. 이 때문에 각 지역의 고등 교육기관으로서 발달하기 시작했다. 그러한 교육체계와 선비문화는 호남의 정자 문화와 선비로서의 품격을 상징하는 반가(한옥)에도 많은 영향을 끼쳤다. 주택마저도 선비들에게는 일상생활에서 성리학의 가르침을 몸소 실천해야 하는 수련의 장소로 보았던 것이다.

앞서 살펴보았듯이, 조선 시대의 성리학은 이황이 강조한 리 중심의 학문적 체계가 주류를 이루며, 개인의 도덕 수양의 수준을 높이고 그것을 전체 사회로 확장하여 이상적인 도덕 국가를 세우는 것을 주요한 목표로 설정했다. 성리학은 일정부분 불교의 심학(心學)으로부터 영향을 받아 리를 중심으로 하면서도 개인의 마음 수양을 통해 전체 세계로 확대해 하나의 도덕적 일체화를 이루어야 하며, 배우고 깨달은 지식을 바탕으로 실천해야함을 강조했다. 선비의 수행으로 도덕적 세계가 확대되고 국가로 또 전체 세계로 확대되어야 함을 중요한 가치로 삼았던 것이다. 이를 위해 개인(양반)이 일상의 생활공간에서 마음 수양을 이룰 수 있는 공간구조, 표현양식(경관)이 함께 이루어져야 함은 자연스러운 것이며 또한 중요한 사항이었다. 우선 자신의 뜻을 세우고 그것이 외부인들이 인정할 수 있는 정도로 품격과 절제하는 미덕이 드러나는 집을 짓는 것을 중시했다. 사대부의 집은 그 집안의 선비로서의 학문적, 성리학적 자세를 엿보는 척도가 되기도 했다. 조선 시대 선비들이 집을 지을 때에는 세계(자연)를 감지하며 자연과 일체화되는 건축물과 함께 표현에 있어서도 경제적이고 소박하고 절제의 검약함을 강조하는 선비정신이 구체화 될 수 있도록 했다. 또한 음양오행 및 주역의 세계관으로부터 영향을 받아 중도(中道)의 정신과 자세를 통해 적지도 지나치지 않은 공간구성과 흐름 및 순환의 공간구조와 균형 잡힌 조형을 추구했다.

서원의 사례로, 도산서원으로부터 시작해보도록 하자.

도산서원의 도산서당은 이황이 직접 설계하고 구축한 3칸의 소박한 건축이다. 그럼에도 불구하고 이 건축에는 동북아의 사상과 건축의 정신이 오롯이 녹아들어가 오늘날에도 여전히 그 내공을 발산하고 있다. 근대건축의 상징적인 건축

3

3 도산서당의 전경과 특성

물인 르 꼬르뷔지에의 빌라 사보아에 비견될 수 있을 정도로, 이 건축물은 매우 소박하고 단출하지만, 당대의 대단한 시대적 에너지를 뿜어내고 있는 것이다. 비록 3칸의 소박한 집이지만 우주의 운행의 법도와 상징이 함께 하는 건축을 구축한 것이다.

일단, 한국의 풍토적인 특성을 적용한 부분부터 시작해보기로 하자. 기후 부분에 있어서 혹서 혹한에 대응하기 위해서 천정이 낮은 온돌 구들방 한 칸이 있고 다른 한 칸은 온돌을 지필 수 있는 부엌겸 난방공간(아궁이)이다. 다른 한쪽은 여름에 대응할 수 있는 상대적으로 높은 천정고의 대청마루가 있는 외기 공간이다. 혹서와 혹한을 고려하여 한 집 안에 완벽하게 대응하고 있는 이 시스템은 마치 카멜레온을 연상시킨다. 어떠한 기후에도 원활하게 대응할 수 있는 최소한의 주거 공간이다. 사계절의 변화를 온몸으로 느끼며 생활하고 그에 맞추어 적절하게 대응할 수 있는 형태의 주거인 것이다.

특히 이 집은 사상적으로 중요하다. 이황은 리가 기를 낳고 리 자체에 체와 용이 있다고 주장했으며 사칠논쟁에서 '리 중심의 사상이 우선이다.' 라는 결론으로 끝맺음하였으며 철저하게 리 중심의 건축을 구현하기 위해 자신의 서원을 이러한 원리에 의해 건축했다. 리와 기가 분리되어 있으며 자연의 이성이 만물에 우선한다는 선언이 이 집에 접목되어 있는 것이다.

도산서당은 천지인의 특성을 고려한 하늘을 상징하는 지붕과 땅을 상징하는 기단과 그 사이에서 생활하는 하늘과 땅을 잇는 존재인 사람의 거주공간의 계획을 보여주고 있다. 모든 공간은 각기 독립적이면서 느슨하지만 끊이지 않고 엮어져 있으며, 마당이라는 여백으로 내용을 채우고 있다. 사회적 특성으로 보자면, 일반 주거가 아니라 학자의 연구공간이자 강학 공간이 결합된 형태이다. 강학 공간이라고 하면 유교적 사회질서 체계에 순응하는 인재를 길러내는 이데올로기 기구로 작용하는 교육시설의 공간이다. 학자의 연구 및 휴식공간과 강학의 공간의 최소 주거와 질서, 그리고 검박하고 소박한 시설은 이상적인 유교국가의 '안빈낙도(安貧樂道)의 선비의 자세' 를 상징하고 있다. 당대의 그야말로 대단한 학자이자 정치가였던 인물이 낙향하여 심혈을 기울여 지은 집이 세 칸의 소박한 집이라는 점에서 그것도, 단순히 집이 아니라 강학공간과 연계된 집이라는 점에서 검박하게 수행해온 대유학자의 면모가 드러나는 정신 그 자체인 집인 것이다.

지방의 서원은 주로 양반 자제들의 관직 진출을 위한 교육과 개인적 수양의 기능과 프로그램을 수행하는 공간구성을 보인다. 조선 시대의 최고 교육기관으로 성균관이 있었고, 중등 교육기관으로 성균관의 하부기관인 사부학당, 지방 중등 교육기관인 향교, 사학 중등 교육기관인 서원과 초등 교육기관인 마을의 서당이 있었다. 사설 교육기관(사학)인 서원은 중종(1542)때 주세붕이 최초로 백운동서원을 세운 이후 숙종 때는 전국 300여개소가 설치되었다. 향교와 서원은 크게 유교(성리학)의 교육을 위한 강학 공간과 성현(공자 및 대유학자들의 위폐)들에 대한 제사(제례의식)를 수행하는 것을 주요한 프로그램으로 설정한다. 이를 위한 공간과 학생들의 거주공간 및 부속 공간들이 건축군을 이루면서 서원 및 향교 건축의 군체(群體)를 형성한다.

서원 건축은 정연한 질서와 뚜렷한 위계를 지키고 성현에 대한 제사와 학습을 전제로 구축되는 시설이다. 이를 실현하기 위해 서원은 예를 실천한다는 의미에서 건축물의 배치에 있어서 기타 건축유형보다 좀 더 엄숙하고 기하학적인 질서의 배치가 이루어진다. 형식면에 있어서도 강학과 학생의 거주공간, 그리고 사당(제사 공간)의 프로그램은 반드시 예외가 없이 배치되었다. 또한 명확한 기능을 수행하기 위해 간결한 공간구성과 함께 검약하고 절제된 조형을 보인다.

서원은 배치에 있어서는 위치나 지형에 따라 다양한 면모를 보이지만 대체로 수양을 위해서 최우선적으로 자연경관이 좋은 시냇가가 있는 산속에 입지를 선정한다. 그래서 서원은 배산임수의 풍수지리적 특성에 영향을 받아 강이나 개천을 앞에 둔 나지막한 산지 지형에 배치되는 사례가 많다. 서원의 각 건물은 평지 혹은 구릉에 각 부분 및 요소들이 중심축이 있으며 정문에서 누각, 강당, 내삼문 사당순으로 배치되어 진입한다. 서원 건축의 주요 프로그램은 교육시설로의 재실(齋室)과 강당(講堂), 그리고 제향 시설로서의 사당(祠堂)과 부속시설로 구성된다. 서원의 건축적 형식은 보통 서원의 영역을 상징하는 전면의 누각이 가장 먼저 눈에 띈다. 조형적으로 누각은 엄숙하면서도 단정하게 세워져 그 지역에서 경관에 어울리면서 또 당당하게 돋보이는 역할을 한다. '서원은 지역의 유교 교육의 중심이기에 더욱더 검약하면서 엄숙한 상징적인 공간이 될 필요가 있었다. 또한 날씨가 좋은 계절에는 외부에서 강학이나 토론과 지역 유생들과의 행사가 이어지는 일도 빈번했으므로, 서원에 따라서는 누각이 교육을 베푸는 강당보다 규모가 더 큰 경우도 많았다. 서원 건축에서 명확한 기능을 갖는 개별 건물들은 간결하고 하나의 원칙으로 배치되지만 경사를 활용하고 주변 경관을 끌어들이면서 서원은 질서와 긴장감이 조화를 이루게 된다.' 23)

서원 건축은 영역별로 누각부터 재실 사이의 모체공간 영역, 재실부터 강당까지의 교육공간 영역, 그리고 강당부터 사당까지의 제향 영역으로 구분된다. 일반적으로 모체공간 영역과 교육공간 영역은 건축물과 담장을 통해 중정 형태의 영역을 형성하게 되고, 제향 영역은 중정 영역을 형성하던가 아니면, 지형에 따라 순응하면서 산지 지형에 제향 공간이 배치된다. 제향 공간은 서원에서 보통 가장 높고 교육공간에서 잘 인지되는 영역에 배치된다. 유교 교육에 있어서 선현(先賢)에 대한 존숭(尊崇)의 상징적인 본보기가 되기 때문이다.

엄격한 유교의 질서와 세계관을 가르치는 서원의 배치는 다음과 같다. 일반적으로 방문자가 누각에 진입할 때에는 누하(樓下)로 진입하던가 측면에 배치된 문

23) 박윤준, 정승진, 아시아 건축의 이해, 서울하우스, 2010, p129

으로 진입하게 되는데, 이때 진입한 사람은 재실의 진입문 사이의 모체영역을 경험한다. 교육공간의 진입문을 넘게 되면 학생들이 기거하는 서재와 동재 등의 재실과 유교 교육이 이루어지는 강단이 중심이 되는 교육영역(중정)을 만나게 된다. 서재(西齋)와 동재(東齋)는 학생들이 기거하는 공간인데 동재가 상급생이 기거하는 공간이다. 강당은 큼직한 마루와 함께 스승이 기거하거나 글을 읽는 조그마한 내부공간(방)이 배치된다. 서원은 대부분 자연 경사 지형을 이용하여 이러한 원칙들에 의해 간결하게 배치되지만, 적극적으로 주변 경관을 끌어들이며 조화를 이룬다. 유교 건축은 엄숙하고 기하학적인 질서의 배치와 함께 성현들에 대한 제사와 학습의 기능을 통해 성리학적 예를 배우고 실천하는 공간의 위계가 고스란히 배치의 형태로 드러난다.

그러나 가장 엄숙한 유교 교육의 핵심기관인 서원의 구성마저도 대부분 기하학적 구성을 약간씩 비트는 배치가 이루어졌다. 칠관법이 중심이 되어 내부에서 외부를 바라보는 마음의 시각적 배치가 중시되는 문화적 특성으로 인해 모체공간 영역과 교육 공간 영역을 이루는 건축공간과 담장 등이 조금씩 각도가 다르게 배치되는 사례가 많았다. 특히 사당의 영역이 그러했다. 그것은 주로 누각이나 강당 혹은 사당에서 바라보았을 때 가장 훌륭한 자연경관의 축에 따라 각도가 달리 배치되는 것이 일반적이었고 내부에서 외부를 바라보는 축이 조금씩 다르게 배치되었다. 3차원적인 장면의 세밀한 조정을 통해 불교적 세계관과 공간을 표현하고자 했던 사찰건축의 건축 방법론이 서원은 물론 일반 주택에까지 축소 및 집약되어 적용된 것이다.

특히 사당의 경우, 향이나 가장 좋은 경관축을 중심으로 주요 서원의 축과는 판이한 축을 이용하는 경우가 많다. 엄숙한 교육영역이 대체로 반듯한 구릉의 개활지에 그리드 체계를 이용하여 계획되는 것과는 상대적으로 사당은 구릉의 제일 윗부분에 위치하기 때문에 산지 지형의 등고선의 특수한 상황과 그 자리에서 보이는 가장 좋은 뷰를 향하여 배치되어 축이 변화하게 되는 사례가 많은 것이다. 이것 역시 자연을 최대한 끌어들이고 남쪽의 축에 정확하게 일치시키고자 하는 유교 교육의 상징성을 극대화하고자 하는 건축적 배치라고 할 수 있다. 구조와 장식에 있어서는 불교 건축의 공포와는 달리, 서원, 향교 건축과 선비들의 주택에서는 동북아에서 우리나라에서만 존재하는 간결하고 경제적인 익공식의 결구 구조를 주로 사용하여 단정하고 소박한 조형미를 표현했다.

서울 문묘의 경우에는 전체적인 공간구성 및 배치는 서원의 그것과 크게 다르지 않다. 다만, 전묘후학(前廟後學)의 제향 공간과 학문 공간의 배치를 보이고 있다.[24] 이것은 제향을 통해 선학의 정신을 중시하면서 체계를 세우고 그 기틀 하에서 성리학의 공부를 실시한다는 개념이었다. 전체적인 구성은 서원과 유사하면서 규모가 더 커지고 부속건물과 연구 및 행정을 위한 건물들이 좀 더 부가되는 수준이다. 성균관에서 성균(成均)이라는 단어 자체가 어그러짐을 바로잡고 과불급을 고르게 한다는 의미로, 이미 동북아 사유의 중도(중용)의 개념과 순환의 의미를 담고 있다.

–서원, 누각 및 정자 건축의 특성

유교의 관념적인 도덕론들은 문자를 중심으로 하는 사대부들의 추상적인 관념성에서 유래한 것으로 볼 수 있다. 불립문자(不立文字)를 통해 직관적인 깨달음을 추구했던 불교와 천륜의 관계도 부정하는 공사상의 영향을 받았던 고려시대 불교건축의 화려한 조형과는 달리, 유교 문화에서는 추상적인 서정문학과 문인화 등 추상성을 중시하는 예술장르가 각광을 받았다. 또한 유학의 관념성이 중요하였기에 조선의 반가(班家) 혹은 서원, 누각(樓閣)의 건축은 추상적으로 담을 수 있는 무형의 것을 중시하는 경향을 보인다. 자연을 최대한 끌어들이고자 하는 누각 건축과 원림, 반가의 대청, 누각 등의 요소들은 이러한 추상성에서 기인하는 것이었다.

24) 사학인 서원은 대부분 전학후묘(前學後廟)의 형식을 띠고 있는 것에 반해 관학인 향교는 전묘후학(前廟後學)과 전학후묘(前學後廟)의 형식이 혼재되는 양상을 보인다. 이것은 유교 이데올로기를 전파하고자 하는 국가의 의지가 반영되어 존경할만한 선현(공자 및 유명 유학자)들의 제향공간이 더욱 중시되는 분위기가 반영된 것으로 볼 수 있다.

서원은 위계를 위한 지형의 레벨과 벽을 통해 공간을 한정하고 영역을 구분하지만, 지형의 상승에 맞추어 누각과 건물을 배치함에 따라 프레임별로 그 건축이 입지한 상태에서 주변 자연의 최고로 아름다운 장면을 최대한 끌어들인다. 위계질서는 명확하게 획득하면서 동시에 자연을 최대한 체득할 수 있는 방법론을 정교화한 것이다. 그러나 사실, 이렇게 자연을 끌어들이는 방법론은 동북아 사유의 영향을 받아 마음속에서 자연과 하나가 되고자 하는 한국인들의 자세와 함께 한국 건축에서 많이 쓰이는 방법론이었다. '사찰은 법당과 나머지 삼면의 세 건물로 둘러싸인 폐쇄적인 분위기를 갖게 된다. 이 폐쇄적인 분위기를 털어내고 산간의 빼어난 자태를 감상하며 하나의 개방된 돌파구를 마련하는 것이 남쪽의 누각이다. 산간의 폐쇄적인 중정형 가람은 이 누각을 통해서 개방감을 얻는 동시에 빼어난 산간의 자연경관을 사찰 경내에 끌어들일 수 있다.' 25)라는 의견과 같이 구심적인 특성을 갖는 불교 사찰 역시 폐쇄성과 개방성의 조화를 이끌기 위해 누각의 개방감을 거의 필수적으로 적용하고 있음을 확인할 수 있다. 또 한국사찰은 완전한 중정의 폐쇄적인 공간을 가지는 것이 아니라 모서리가 터져 있어서 정형을 벗어나는 파격을 보인다. 서원 역시 마찬가지의 방식으로 누각을 계획했다. 이렇게 자연과의 일체를 위해 개방감을 갖는 구조는 한국 건축에 있어서 매우 중요한 유전자이다.

0314 궁궐 건축의 유교적 특성

불교가 국교였던 고려의 말기는 불교의 폐단으로 인해 백성들의 핍박과 경제적 수탈이 절정에 달했던 시기였다. 이에 신진사대부들을 중심으로 하는 세력들은 이성계를 앞세워 혁명을 일으켜 새 왕조를 건설했다. 그들에게는 새로운 나라의 건설과 함께 유교적 관점의 예제(例祭)와 질서를 회복하는 것이 급선무였다. 이에 조선은 도성 계획에 있어서 중국의 영향을 받아 중국 도성의 이상적 지침서인 '주례고공기' 를 따라 국가체계와 공간체계를 구축했다. 좌묘우사(左廟右祀), 면조후시(前朝後市), 전조후침(前朝後寢), 오문삼조(五門三朝) 등이 주요한 물리적 지침들이

25) 김동욱, 조선시대 건축의 이해, 서울대학교출판문화원, 1999, p194

다. 그러나 이러한 지침들은 성리학의 정치적 이상으로부터 나온 것이다. 좌묘우사는 궁궐을 중심으로 왼쪽에 종묘를 오른쪽에 사직을 각각 배치한다는 뜻이다. 면조후시는 궁궐의 앞쪽에 조정이, 뒤쪽에 시장이 있다는 뜻이다. 전조후침은 배치의 앞쪽에 왕의 업무공간이, 후면에는 생활공간인 침소가 위치한다는 의미이다. 대부분 상식적인 선에서 이해가능한 배치의 구성형식이다. 마지막으로 오문삼조가 있는데, 임석재는 네 가지 지침을 우선 축구성과 동심원 구성의 조화로 해석될 수 있다고 주장한다. 축 구성은 과시의 미학, 법치, 패도를 상징한다. 동심원 구성은 어울림과 겸양의 미학, 예치, 왕도를 상징한다고 설명한다.[26]특히, 오문삼조는 가장 중요한 지침이다. 오문은 고문(皐門)-고문(庫門)-치문(稚門)-응문(應門)-노문(路門)을, 삼조는 외조(外朝)-치조(治朝)-연조(燕朝)를 의미한다. 앞의 세 가지 지침은 지키기 쉬우나, 오문삼조는 정확하게 지키는 사례는 사실은 존재하지 않는다. '주례의 궁궐 지침 네 가지에 담긴 참뜻부터 알아야 한다. 네 지침은 궁궐 구성의 표면적 현상에 대한 기술이고 그 속뜻은 축구성과 동심원 구성의 조화다. 나아가 이는 법치와 예치의 조화로 확장, 해석될 수 있다.'[27]라고 주장하는데, 경복궁의 다중 동심원은 원심구도를 지향하는 것이라는 주장은 설득력이 있다.

경복궁은 유교 국가의 각종 도성 계획과 함께 엄숙한 배치를 보이고 있으며 삼교(유, 불, 도) 통일의 원리가 적용되는 배치를 보여준다. 남북 직선 축 상에 중심건물이 놓이고 주변에는 네모난 행각이 둘러싸면서 엄격한 대칭을 이루도록 계획되었다. 광화문을 들어서면 중문인 홍례문이 있고 영제교라는 돌다리를 통해 냇물을 건너도록 했다. 정전인 근정전과 편전인 사정전의 외전(外殿)이 배치되고 그 뒤에 침전인 강녕전을 중심으로 내전(內殿)의 부속건물들이 배치되어 있다. 직선 축과 대칭축은 유교 정신에 입각하여 왕조의 엄격한 건국이념을 공간적으로 구현한 것이었다. "유교 사상의 기본 개념은 어울림과 형식미라는 조형 방식으로 건축에 반영되었다. 이것은 하나의 건물이 여러 개의 크고 작은 공간 단위, 혹은 기능 단위들로 구성되는 특징으로 나타났다."[28]라고 언급한 바와 같이 경복궁의

26) 임석재, 경복궁, 인물과 사상사, 2015, p106
27) 임석재, 상게서, p196
28) 임석재, 한국전통건축과 동양사상, 북하우스, 2005, p153

건물배치는 마치 불교의 만다라의 구성을 보는 듯 각 영역의 공간 단위와 기능 단위의 크고 작은 단위가 사이즈를 달리하며 하나의 체계하에 반복 증식되며 조화를 이루고 있는 구조를 보이고 있다. 경복궁은 이를 통해 전체적으로 동심원 구조를 이루고 있다.

조선의 도성 계획은 그리드 체계의 가로로 구획된 방리제(坊里制)와 궁궐을 중심으로 좌측에 종묘, 우측에 사직단을 배치하는 좌묘우사(左廟右司)의 정책과 앞쪽에 조정, 뒤쪽에 시가지를 배치하는 면조후시(面朝後市)의 원칙이 도성 계획에 철저하게 반영되었다. 중국은 방대한 평야 지대를 활용하여 도성을 건설했으므로 이상적인 그리드 체계를 그대로 수용할 수 있었으나 우리나라는 산지와 구릉 지형이 많은 외적 조건으로 인해 넓고 고른 평지가 드물어서 그리드 체계와 함께 외적 변수(주변 산세)에 따라 배치 및 프로그램을 탄력적으로 조절하는 방법론이 발전했다. 따라서 도시계획은 방리제가 유연하게 적용되어 불규칙하고 비정형적인 부분들이 접목되며 조화를 이루는 방식으로 계획되었다. 그러나 당시에도 민간에서는 도교 및 불교로부터 기인한 풍수지리설이 여전히 강력한 위세를 떨치고 있었다. 유학자인 정도전, 권근 등은 유교의 예제(禮祭)를 중심으로 한양을 건설하고자 했으나 무학대사(불교)의 풍수지리적 입지에 있어서 힘겨루기 끝에 무학대사의 도성 배치안이 받아들여졌다. 유학자에 의해 세워진 나라가 당대 불교의 원로(무학대사)가 주장하는 도교적 관점의 풍수지리 이론을 받아들여 유교국가 수도의 입지를 선택한 것이다. 이 사건은 조선이 유학자가 세운 나라이지만 유, 불, 도가 융합된 문화의 나라임을 알 수 있는 명백한 증거이다. 이에 따라 도성에서 중앙이 아닌 북서쪽 백악 아래 궁궐을 남향으로 배치하고 종묘 오른쪽에 사직을 배치하며 기타 제단을 위치시켰다. 유교 중심의 조선왕조의 궁궐은 유교적 이상적 세계관을 충실히 반영하여 조성되었다. 유교 국가의 궁궐에서 정기적인 행사로 치러지는 국가적 가례(嘉禮)로 인해 격식있고 품격있는 행사장과 제례 공간이 필요했다. 경복궁에는 연회를 베풀 장소로 경회루가 있다. 조선 초기에는 정궁으로 예제에 충실한 경복궁이 세워졌다. 그러나 꽉 짜여진 상징적인 궁전은 일상생활에서는 불편하여 이궁(離宮)인 창덕궁을 세웠다. 창덕궁은 자연스러운 조경과 건축의 조화를 살리고 풍토건축의 특성이 적용된 창덕궁으로 세워졌고, 이후 그 옆에 창경궁이 별궁(別宮)으로 세워졌다.

특히 경복궁의 경회루는 성리학 사상의 적용에 있어서 중요하다. 김동욱은 '경회루 전도(全圖)' 라는 제목의 이 책자를 언급하며, '경회루의 가장 중심공간은 천, 지, 인을 상징하는 삼재(三才)로 구성되고, 그 주변은 8방의 방위와 24절기를 상징한다고 했다. 나아가 기둥의 숫자나 건물 상하층 구성 등이 모두 물을 상징하는 6의 숫자에 맞추어 구성되고, 전체는 주역의 원리에 적용되어 조성되었다고 하였다. 또 경회루 앞 연못에는 두 개의 구리로 된 용을 넣었는데 이것은 용이 불과 물을 다루는 동물이고 2는 불을 상징하는 숫자이기 때문이라고 적었다. 1997년에 경회루 연못에서 실제로 구리로 만든 용이 출토되어 이 책자의 기술이 단지 학자의 추상적인 주장이 아니고 실제 경회루 건물 조성과 깊은 관련을 가지고 있음을 알게 해 주었다.' 29)라고 언급하며 경복궁이 주역 사상의 내용을 평면과 배치에서 구현하고 있음을 강조하고 있다. 이처럼 엄격한 유교 국가였던 조선의 상징적인 궁궐마저도 건립 단계에서도 유, 불, 도의 내용이 경쟁, 융합하여 구축되었다는 점에서 조선의 성리학적 질서와 사상적 융합의 특성을 이해할 수 있다.

0315 주거 건축의 유, 불, 도 특성 통합

조선 시대 주거 건축을 언급하기에 앞서 유교 건축에 있어서 핵심인 도산서당을 살펴보았다. 이 건축은 3칸의 소박한 구성이지만, 비대칭의 카멜레온과 같은 특성을 지니고 있다. 도산서당의 풍토의 적응과 변용은 한국 건축의 유연성과 함께 유교 체계의 질서와 통합적 세계관이 잘 융합된 사례였다. 여기에서 더 나아가 조선 시대 한옥의 일반적인 구성을 살펴보기로 하자.

29) 김동욱, 조선시대 건축의 이해, 서울대학교출판문화원, 1999, p113

보통 ㅁ자형의 안채와 사랑채, 행랑채, 사당 영역 등으로 만들어지는 반가의 완성형에서 이후 도시형 한옥으로도 계속해서 사용된 ㅁ자형의 특성은 먼저 소우주를 상징하며 대우주와 연결되는 마당의 위치와 크기를 최우선적으로 정하게 된다. 이후, ㅁ자의 형태로 구성하는데 마당을 중심으로 각 채를 형성시키며, 이때 마당을 가로질러 들어와서 본채에 들어가기 위해 대청마루 앞의 출입구로 진입 통로가 단일화된다. 신발을 벗고 좌식생활을 하는 한옥의 특성상 출입 동선이 일원화되는 것이 바람직할 것이고 신발을 벗은 상태에서 각 채로 자유롭게 이동 가능해야 하므로 툇마루 등의 연결 동선이 필요해진다. 또한 각 채는 최대한 모여있어서 연결이 원활하게 이루어지게 한다는 것이 반가(한옥)의 구성 특성이 되었다.

조선 시대에 이르러 반가(한옥)의 구성이 완성되었다는 의미는 무엇일까? 우선, 1권에서 살펴보았듯이, 동양적 세계관에서는 자연과 합일되고자 하기 때문에, '생기의 건축' 을 추구하여 풍수지리로부터 음양오행에 이르기까지 자연의 기의 흐름에 조화를 이루는 건축적 구성이 수준높게 성취되었음을 의미한다. 또한 2권에서 살펴보았듯이, 격식있는 불교 건축을 구축함에 있어서, 전형적인 구성에서 점차 토착화된 선종 미학의 공간 시퀀스의 구성 및 마음의 축을 구성하는 문법이 완성되었음을 의미한다. 그것은 세밀한 공간과 장면들의 조정의 특성이 반영된 군집의 건축을 추구하는 동북아 건축의 실험이 완성된 것을 의미한다. 또 이것을 바탕으로 하여 완성된 건축적 기술과 방법론이 일반 주거건축에 집약, 축약되어 통합적으로 세련되게 적용되었음을 의미한다. 마지막으로 유교적 질서와 위계 체계에 맞추어 공간 문법 및 내향적인 순환 평면과 구조, 표현, 경관, 수행의 파트너로서의 의미(집의 인격화, 생색) 등이 완성된 것이다. 여기에서 '완성' 의 의미는 단순히 재료 기술 등의 물리적 완결성만을 의미하는 것이 아니라, 동북아 사상의 특성과 불교적 인식론과 유교의 가치체계가 융합되어 만들어지는 동북아적 세계관과 정신의 집적체로서의 완성이라고 말할 수 있을 것이다. 이른바 정신과 물질과 공간이 일체화 된 것이다.

한반도에서 유, 불, 도의 영향은 지속적으로 존재했으므로, 유, 불, 도의 사상적 특성이 건축에도 공명하며 융합되어 있었던 것은 자연스러운 것이나, 연구자들의 연구에 따르면 오늘날의 한옥의 특성이 이러한 특성들을 모두 통합하여 훌륭하게 한국적 특성으로 정착된 것은 대략 17세기 이후라고 언급되고 있다. 한국의 주거 건축에서 사랑채와 안채 등 남녀 구별을 하여 배치를 이루는 것과 조상을 섬기는 사당의 영역이 함께 배치된 것은 성리학의 질서 체계가 상당 정도 자리를 잡은 시점(17세기 이후)에서나 가능하게 되었다는 점을 주목할 필요가 있다. 또한 우리가 아는 한옥의 온돌과 대청마루 등의 시스템이 완벽하게 정착된 시기가 그러하다는 것이다.

특히 성리학적 세계관에 영향을 깊이 받은 사대부(선비)는 자연의 법칙과 도덕적 마음 수양을 하나로 하여 학문에 정진할 수 있는 기능과 상징성을 갖춘 주거 건축을 구축했다. 또 그들은 자연과 일체가 되면서 유식(遊息)할 수 있는 독립적인 정자나 정사 등과 누각과 연결된 주거공간을 중시했다. 이처럼 선비들에게 주거 공간은 성리학적 가르침을 일상에서 실천하는 종합적인 예제(禮祭) 공간으로 인식되었다. 그들은 성리학적 자연관이 응축된 건축물로 주택 외에도 많은 유형의 건축물을 창출했다. 정자나 누각, 정사 등은 유교의 가르침을 익힌 선비들이 생활의 필요와 학문의 정진을 위해 창조한 건축물들이다. 선비들의 세계관을 반영한 이러한 구조물들은 조선 건축, 나아가 한국 건축의 특성으로 간주되는 건축형식이다. 심지어는 주거 건축에도 이러한 누각의 요소들이 적용되어 접합되어 있으며 대청 역시 그러한 역할을 일정 정도 수행하고 있을 정도로 자연과의 접합과 흐름을 인식하고 함께 수양하고 수행하는 기능을 담당하도록 진화했다.

"한국 주택의 가장 고유한 특징이 되는 온돌과 대청마루, 그리고 부엌이 하나의 지붕 아래 연속된 공간으로 이어지는 독특한 주거형식이 완전히 정착되어 갔다고 생각된다."[30]라고 김동욱이 언급한 바와 같이 한옥의 가장 큰 특징은 목재

30) 김동욱, 한국건축의 역사, 기문당, 2007, p200

와 불(아궁이, 온돌)과 같이 상반되는 이질적인 요소들 혹은 공간들이 하나의 구조 아래 공존하고 있으며 반, 외부 공간인 대청이 한 지붕 아래 존재한다는 점이 특징이다. 세 가지 전혀 다른 성격의 내부공간(방)과 목재구조와 상극인 아궁이와 온돌구조, 그리고 외기에 면해있는 대청마루 공간이 서로 유기적으로 연결된다는 점은 다른 나라의 건축문화에 비해 매우 특이하고 우수한 점이다. 그것은 사계절이 뚜렷한 우리나라의 기후조건에 카멜레온처럼 적응할 수 있는 창의적인 산물이다. 사실 온돌은 전 세계적으로 독특한 난방구조인데, 구들로 인해 방 옆에 부엌이 붙어야 하므로 한옥은 필연적으로 대칭적인 구조를 사용하기 힘들다. 따라서 한옥 건축물 한 채도 비대칭이지만 전체적으로 각 채의 배치 역시 비대칭을 이루고 있는 경우가 대부분이다. 그럼에도 불구하고 전체 배치에는 중심과 위계가 존재한다. 한옥과 한국 건축은 여러 가지 불리한 외적 조건(사계절의 뚜렷하고 극심한 변화와 산지 지형의 불리함)을 극복하기 위해 양면적인 니즈를 실현시킬 수 있어야 했고 이를 위해 융통성 있는 배치 및 기능의 해결이 필요하여 이를 해결했으며, 동시에 질서와 품위를 유지할 수 있는 건축적 방식이 정교화된 것이다. 따라서 한국 건축의 유전자에는 '조절능력과 자율성의 조화'가 중요한 키워드로 자리잡는다. 이러한 양면적 가치는 조형에도 나타난다. 한옥은 일정한 절제와 어울림의 형식미가 공존하여 절제되고 검박하다. 그러면서도 동시에 처마선에 있어서는 이와는 전혀 다르게 화려하면서도 동시에 계급의 권위를 과시하는 조형을 보인다. 화려하면서 동시에 검박하다는 양면적인 가치 역시 한국 건축의 조형에 있어서 중요한 가치이다.

사찰뿐만 아니라 한옥에서도 미세한 축의 변화가 항상 발생한다. 외부에서의 지배적인 시각적 주도성을 보이는 서양건축과는 달리, 한옥은 내부에서 외부의 주요 경관과 심상에 대응하는 동북아의 내재성의 사유와 대응하며 자연과 조화를 이루는 것으로 볼 수 있다. 그러나 본존불이 모셔져 있는 대웅전을 중심으로 세상을 향해 열려서 동심원 구조로 퍼져나가는 개방형 구조와는 달리, 한옥과 유교 건축은 외부에 대체로 배타적인 폐쇄성을 보이는 반면, 내부에서는 사랑채를 중심으로 내부의 구성원들 사이의 연계와 소통이 원활하게 이루어질 수 있는 내향형의 구심형 구조인 것이 주요한 차이점으로 언급된다.[31] 유교는 집단성을 주도하는 폐쇄적인 규범으로 작동한 반면, 개체들은 정(情)을 기초로 한 사적인 연대를 만들어 부족한 부분을 메웠다. 유교의 폐쇄성이 심해지면서 사적 연대조차도 집단을 지탱하는 하부조직으로 전락하기도 했다. 그러나 이익이 개입하기 이전에 순수한 정을 나누며 자발적으로 이루어진 사적 연대는 유교의 폐쇄적 집단성을 중화시키는 순기능을 해온 것 또한 사실이다.[32] 외부에 폐쇄적이고 내부가 원활하게 연계되는 이유이다. 경상북도의 반가는 완전 ㅁ자형의 폐쇄적인 구성인 반면, 충청 호남권의 반가는 주로 튼 ㅁ자형의 비교적 개방적인 구성을 보이고 있다. 리를 숭상하는 이황을 대표하는 영남학파에서는 상대적으로 완전 ㅁ자형이 상대적으로 더 많이 나타나며 기를 중시하는 호남의 기호학파는 튼 ㅁ자형의 좀 더 개방적이고 형식면에서 자유로운 기풍이 나타난 것으로 해석해 볼 수 있다.

또한 조선 시대 세종 13년 공포된 가사 제한은 '백성의 집은 열 칸을 넘지 않게 하라, 다듬은 돌을 쓰지 말고 화공을 구성하지 말며 단청도 못 하게 하여 검약을 무종케 하라' 라고 규정했다.[33] 또 『삼국사기』의 「옥사조屋舍條」에는 궁궐부터 일반 서민의 주택에 이르기까지 하나의 도표로 그 규모의 장식 한도를 구분하여, 삼국시대부터 건축의 예가 적용되었음을 알려 준다.[34] 전통적으로 집의 규모와 크기에 있어서 신하의 수준에 맞게 적절한 규모로 지어야 함을 엄격한 도덕적 기준으로 삼은 것이다.

유, 불, 도의 통합적 특성은 다음과 같다. 우선, 유교적인 측면에서는 질서, 남녀의 구분, 조상에 대한 예의(제례)를 중시(사당 영역)하는 부분이 그러한 영역이라고 할 수 있다. 특히 생색과 엄정함을 추구하는 것과 집에 인격을 부여하여 당호를 짓는 문화 등을 유교적 특성으로 간주할 수 있다. 둘째, 불교로부터 영향을

31) 임석재, 한국전통건축과 동양사상, 북하우스, 2005, p157
32) 임석재, 상게서, p158
33) 이상헌, 한국 건축의 정체성, 미메시스, 2018, p498
34) 이상헌, 상게서, p498

받은 특성은 원통(圓通), 불이(不二)의 순환성, 다른 기능의 공존성, 3차원적인 경관을 중시하여 경험과 과정을 통한 마음의 구축론이 중시되는 특성 등을 들 수 있을 것이다. 한옥의 순환성과 회색 공간으로서의 내외부의 자연스러운 관입과 차경 등은 불교의 순환 및 무자성의 개념이 적용된 것으로 볼 수 있으며, 세밀한 장면, 장면의 조정을 통한 전체 지각의 통합을 이루는 방식을 통해 거주하는 사람의 세계를 지속적으로 조정해나가는 것이며, 장면과 자연과의 조화를 영조해 나가는 방식을 의미한다. 셋째, 도교적인 특성으로는 풍수지리의 개념을 통한 터잡기(입지), 기의 원활한 순환을 위한 공간 구조와 열 환경 시스템과 자연과의 접면, 해학의 요소, 자연적 재료의 사용, 자연의 영조의 특성이 들어가는 것 등을 그러한 특성으로 볼 수 있다. 그러나 전체적으로 불교와 도교적 특성이 가미되면서도 조선의 주거 건축의 중심은 유교적 위계와 질서, 그리고 엄정함이 중심이 되었다. 반가는 성리학적 유교의 질서와 세계관이 반영되어 선비로서의 품격과 지향성이 주거 건축에서 은근하면서도 품격있게 드러나는 방식을 선호했다. 이러한 점이 이전 건축과는 다른 측면이라고 할 수 있을 것이다.

유교 건축의 상징적인 시설인 서원건축과는 달리, 주거 건축은 조선 시대 성리학의 유교 이데올로기가 적용되면서도 동시에 민중의 삶과 선조의 지혜와 역사적 특성이 녹아 들어가는 영역이었다. 따라서 단순히 유교 중심의 특성만이 보이는 영역이 아니라 한국적 특성과 불교 및 도교 사상과 문화가 고스란히 융합되는 영역이었다고 보아야 할 것이다. 사대부들이 아무리 유교적인 특성을 강조하여 건축물을 구축하고자 하더라도 그것을 직접적으로 구축하는 인력은 도교와 민간신앙 혹은 불교 문화의 관성의 영향력 하에 있었던 일반 백성들이 있었기 때문이다. 엄정해야 할 서원 건축에서도 해학과 도교적 특성이 묻어나오는 것은 일차적으로 그러한 원인이 있었고, 다른 한편으로는 성리학 자체가 유, 불, 도의 사상들이 상호 영향을 주고받아 융합된 학문체계를 가지고 있었으므로 유, 불, 도의 특성이 공존하고 있다고 하더라도 전혀 이질적으로 느껴지지 않는 부분도 존재한다.

유교사상과 연계된 건축담론

0316 리와 기의 형이상학과 건축적 적용방식

성리학에서는 체용 개념을 사용해 우주론과 인성론을 설명한다. 주돈이는 '무극이태극(無極而太極)' 이라는 개념을 설정하여 세계의 생성 전의 본체이며 그로부터 음양(陰陽) 및 오행(五行)이 나오고 다시 교감상태(交感狀態)에서 천지 만물이 형성되며 리, 기가 나온 것이라고 생각했다. 리는 관념상의 존재로서 '도(道)', '태허(太虛)', '무형(無形)' 등으로 표현했고, 기를 질료적인 존재로서 '기(氣)', '음양', '유형(有形)' 등으로 표현했다. 리와 관련해서는 불변하는 본체적인 특성이 있는 것으로 기는 변화하고 작용하는 것으로 보았다.

리와 기의 관계는 서로가 서로를 인정하고 기다리는 관계이다. 둘은 떨어질 수 없는 관계로서 상호 보완하여 상생하는 관계로 운행된다. 세계의 모든 원리는 이러한 양과 음, 거기로부터 나온 음양오행, 그리고 그곳에서 흘러나온 리와 기의 상호 작용에 의해 이루어진다. 자연과의 상호작용은 관계성을 의미한다. 한국의 사찰건축과 한옥은 서양 건축처럼 자연을 장악하는 느낌으로 우뚝 서 있는 상태가 아니라 자연의 기의 흐름이 굳어졌고 여전히 내부에서는 기가 흐른다고 보았던 지형에 살짝 앉혀져서 주변 자연과 반응하는 유기체로서 작용한다. '세계-내-존재'를 주장했던 하이데거는 '세계 내에서 상호 관계가 없는 의미 없는 존재자(단순한 사물)가 아니라 세계와 긴밀하게 연결되어 있고 외적 변수에 반응하여 의미를 생성하는 의미 있는 '존재'로서의 '거주'(dwelling)를 중요시한다. 삶을 영위할 수 있는 '거주의 의미'를 살릴 수 있는 집들이 만들어나가는 '장소(place)'를 만드는 것과 자연과의 관계를 만들어나가면서 우주의 원리에 순응하는 것이 중요하다' 라고 할 수 있다. 마음의 수양을 통해서 우주의 원리를 깨닫고 그에 맞추어 생활을 영위하고 자연에서의 생활을 공유하는데 있어서 가장 중요한 '집' 은 남다른 의미가 있으며 자연의 운행과 함께 해야 하는 '존재' 가 되어야 했다. 그래서 '한국 건축의 아름다움은 형태에서 찾으면 안 된다. 한국 건축은 어떤 형식의 미학을 반영하거나 시각적 즐거움을 불러일으키는 대상이 아니기 때문이다.' 35) 라는 의견과 같이, 한국 건축은 시각적 아름다움보다는 자연의 운행과 관계에 있어서 훌륭한 짜임을 만들어낼 수 있는 유기체를 지향했기 때문이다. 따라서 한국 전통 건축은 시각적 조형물과 같이 주변을 장악하고 솟아올라 드러나고자 하는 방식이 아니라 자연과의 짜임의 관계, 움직이면서 몸 전체의 감각으로 서로를 감응할 수 있는 유기체로서 기능한다. 유, 불, 도의 원리가 통합된 성리학의 경우, 인간과 자연의 통합과 감각적 통합 및 합일을 추구했다. 서양 건축은 대상과의 거리를 두고 판단하고자 하며 거기에서 오는 미끌어짐 및 오독 혹은 왜곡된 상에 대한 인식이 발생할 수밖에 없다. 그러나 한국인의 사상과 건축은 시각적 방식보다는 직접적 체험을 통해 집과 나의 인격이 하나가 되고 그것이 곧 자연의 법칙에 순응하며 하나로서 인식되는 체계를 지니고 있다. 거기에서 오는 서양건축과의 근본적인 차이가 존재한다.

리와 기의 운행은 눈에 보이지 않는 잠재성이 물질적으로 현실화되는 것을 의미한다. 다시 말해 기의 흐름과 만물의 운행의 다른 표현이라고 할 수 있다. 따라서 눈에는 보이지 않지만 실제로는 수면 아래에 움직이는 것이 기의 흐름이다. 동양은 이처럼 '무(無)' 의 미학을 중요하게 여겼으며 수묵화에서 여백으로 남겨져 있는 흰색의 부분은 화가가 그리고자 했던 그림의 대상이 있는 곳과 대상들의 분위기를 그리는 것이다. 구체화 되기 이전의 '태허' 로서 그 무는 기로 가득 차 있는 '무(無)' 를 그린 것이며 보이는 대상은 유(有)일 뿐이다. 유와 무의 조화가 그리는 '기운생동(氣運生動)' 의 분위기를 대상으로 그순간을 표현한 것이다. 서양의 원근법과 명암을 무시하고 기를 드러내는 수묵화를 주로 그린 것은 이러한 이유 때문이

35) 이상헌, 상게서, p44

다. 마찬가지로 건축은 단순히 내부의 공간을 만드는 것이 아니라, 내외부의 비어 있는 무의 공간 혹은 자연(대기 및 경관)과 연계되는 회색 공간을 만드는 것이기에 상호 유기적인 연계가 중요한 문제였다. 이러한 점에서 한국의 한옥과 사찰은 모두 반 외부 공간과의 연계를 통해 외부의 기를 끌어들이고 자연의 풍경을 끌어들이는 방식(차경)을 사용했다.

주리론과 주기론의 사단칠정 논쟁과 각 당파를 대표하는 사상의 차이는 사상의 입장에 따라 건축공간 구성에 있어서도 거의 직접적인 영향을 끼치게 되었다. 두 당파는 서원의 구성요소에서 명륜당(강학공간)이 있는 사당의 영역이 어떻게 구성되느냐에 따라서 주리론과 주기론의 구분에서 차이를 보이고 있다. 일반적인 서원의 원리는 서원을 반절하여 전반부에는 학문의 영역, 후반부에는 학문으로 존숭할 수 있는 인물의 위패를 봉안하며 귀감으로 삼고 예를 갖추어 제례를 하는 사당의 영역이 자리하게 된다. 이를 전학후묘(前學後廟) 형식이라고 한다. 또한, 이것은 서원의 일정한 건축적 유형이 되었다. 리를 중시하는 주리론의 영남학파의 경우에는 누각 혹은 대문을 통해 들어가게 되면 위계의 질서대로 마치 위패를 모신 위인의 존재(정신)를 중심으로 하여 사당이 가장 안쪽에 위치하는데, 시각적으로 전학(前學)의 공간과 차단이 되어 있다. 그 이후 명륜당(강학공간)에서 그들의 정신자세와 사상과 학문을 전수받는 건축물이 위치하고 그 아래에 학생들이 기거하는 동재, 서재가 위치하게 된다. 영남지역의 서원의 전체적인 배치는 매우 위계적이다. 그러나 기를 중시하는 주기론의 기호학파들은 주로 전라, 충청권에 위치하며, 명륜당이 제일 앞에 위치하고 동재 서재가 위치하며 그 이후에 사당이 배치된다. 그래서 명륜당과 사당 영역이 마주 보는 형태로 배치가 이루어져 있는 것이 주요한 차이점이다. 요약하면 영남학파는 학문 영역이 사당 영역과 완전히 분리된 형태이고 기호학파는 일반적으로 사당 영역과 연결되고 함께 바라보고 있는 배치 형태이다.

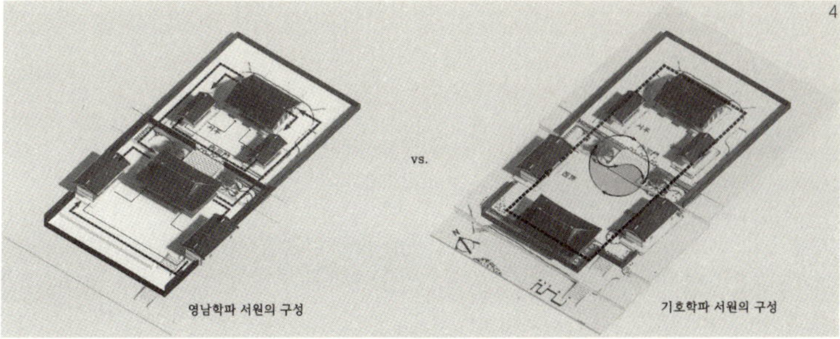

영남학파의 주리론의 공간적 특성은 수목 구조의 질서(탑 다운)와 같이 중요하게 생각하는 영역이 정연하게 위계에 맞추어 위로부터 내려오는 형식이며 기호학파의 주기론의 공간적 특성은 음양의 순환과 대립, 또는 양속의 음과 음속의 양을 상징하는 느낌의 공간구성을 이루고 있다. 그것은 마치, 리 중심의 주리론과 기가 드러나면서 리가 자연스럽게 드러남을 주장했던 주기론자들의 이론이 대립하며 현실적인 공간구성에서 즉물적으로 그대로 드러나는 듯한 양상이다. '경상도 지역은 대부분 경사지에 전학후묘의 형식으로 되어 있으며, 강학과 제정공간의 구분을 물리적 요소보다는 상징적 의미로 구분하여 제정보다는 강학 기능 위주의 배치형식을 취하고 있다. 전라도 지역은 전학후묘의 배치유형 중 강학 공간의 구성이 전당후재(前堂後齋)의 형식으로 되어 있어 기호학파가 추구했던 리기일원론과 같이 두 공간이 내삼문을 사이에 두고 하나로 통합된 형식을 취하고 있다.'[36]라는 언급과 같이, 실제로 영남학파의 근거지였던 안동일대에는 위계가 정연한 전재후당(前齋後堂) 형식이 유지되었고, 전라권에서는 전당후재(前堂後齋)식이 유지되었고 그 외 지역에서는 혼재되어 나타나고 있다. 실제로 영남학파의 공간은 위계를 중시하여 지형적으로 능선에 배치되어 위계를 중시하는 반면, 주기파의 호남권에서는 상대적으로 평지와 느낌이 유사한 지형에 동등한 시선에 위치하여 역동적인 느낌을 자아낸다. 특히 주기파에서는 묘역의 영역이 영남권의 주리파의 서원보다 중요성과 상징성이 떨어지는 느낌이며 배치상 성현(사당)과의 대면하는 배치를

4 영남학파와 기호학파의 서원의 구성의 차이

36) 도용호, 이재헌, 유학적 질서규범에 의한 향교건축의 배치에 관한 연구, 대한건축학회 논문집 11(7), 1995.7, p77-89

통해 좀 더 인간적인 느낌의 배치가 이루어지고 있는 느낌이 강하게 든다.

도용호는 다음과 같이 리기론에 따른 경상권의 전재후당식과 전라권의 전당후재식의 차이에 대해서 논하고 있다.

'유학의 리기론에 따른 이론체계가 리기이원론에서 리기일원론으로 정립되면서 제정과 강학이 대등한 관계로 개념화되어 창건되거나 중, 이건된 호남지역의 향교는 명륜당과 대성전이 내삼문을 사이에 두고 마주 보도록 배치된 적극적인 공간구성을 취하고 있다. 이와 같이 신성화된 공간은 본질적으로 균질적이고 중성적인 성격의 의미를 갖게 되듯이 제향 영역과 강학 영역은 객관적 인식대상인 두 개의 균질적 공간으로 분리된 배치형식을 취하게 되었다. 이러한 배치유형은 강학 공간에서 내삼문이 바로 인식되어 세속적 공간에서 성적(聖的)인 공간으로 통하는 내삼문은 단순한 통로로서의 기능을 넘어서 성과 속이 만나는 합일처로서, 리기일원적 중심성을 띠게 되어 공간결합의 성격을 갖게 된다.'[37] 감정과 같이 변화하기 쉬운 기를 중심으로 하여 성(리)과 속(기)이 만나는 당파(기호학파)의 학문적 자세가 반영된 것이다.

영남의 서원과 향교는 강당 앞에 동서재가 놓여서 강당 마당과 사당 앞의 마당이 구분되지만, 호남의 서원과 향교는 강당 뒤에 동서재가 배치되어 사당 마당과 통합되어 운영된다. 이러한 구성의 차이는 주리파(영남학파)와 주기파(기호학파)의 학문적 해석의 차이로 해석할 수 있다. 형식과 엄격한 이론을 중시하여 본체를 중시하는 주리파(영남학파)와는 달리 동태적인 기의 흐름을 보다 중시하는 주기파의 경우, 엄격한 형식보다는 이론을 상징하는 강당 뒤에 동 서재로 상징되는 학생들의 활발한 토론의 기의 양태가 리에 올라타는 형태를 띠는 것으로 해석해볼 수 있다. 영남학파는 사당 앞의 동서재 마당과 사당 앞마당의 형식이 엄격하게 나누어져 있는 경우가 대부분이다. 그러나 주기학파의 공간은 실용적인 측면을 더욱 중시하여 형식을 넘어서 실질적인 방식으로 공간을 통합적으로 사용하고

37) 도용호, 이재헌, 상게서, p77-89

자 하는 생각이 현실화된 것으로 볼 수 있으며 다른 한편으로 형식을 탈피하고 변화하고자 하는 기의 흐름이 통합적으로 나타나는 것으로 볼 수 있다. 이것은 생기(生氣)의 철학의 계보에 대한 논쟁과 이에 따른 공간 및 배치에 있어서 차이점이 드러나는 부분이라고 할 수 있다. 전체적인 질서와 체계를 벗어나지 않는 가운데 리 속에 이미 기가 발현되어 나타난다는 방식을 건축적으로 실현시키기 위해 실험한 것으로 볼 수도 있을 것이다.

이러한 특성은 주거에도 일정부분 나타나고 있다. '영남학파로 불리며 주리론을 주장하는 영남학파의 근거지인 안동지역의 반가들은 일반적으로 폐쇄적인 ㅁ자형을 모델로 주택을 건축했다고 주장한다.'[38] 이러한 주장과는 달리 주기론의 기호학파의 근거지에서는 반가(班家)와 민가들은 ㄱ자형을 모델로 하여 외적 변수에 따라서 상대적으로 유연하게 변형을 이루는 사례가 많다고 주장한다. 주리론을 주장하며 리(理)의 체계를 중시하는 교조적인 주리론자들의 문화에서는 비교적 완전한 ㅁ자 형태의 주거로서 완결성과 내부의 완전한 결속을 추구하는 것이라고 해석할 수 있고, 기의 현상과 외적 변수인 물질적, 감정적 특성을 중시하는 주기론자의 문화적 특성에서는 외적 변수인 외기를 빠르게 받아들이고 반응할 수 있는 ㄱ자 배치 형태나 주변 환경에 능동적으로 반응하여 다양한 형태의 구조로 변화를 긍정했던 배치의 주거가 중시되어 현시된 것이라고 할 수 있을 것이다. 혹은 배치의 그리드 체계가 약간 틀어진 경우에는 편서풍의 기후의 흐름에 능동적으로 대응한 것이라고 볼 수도 있다. 이처럼 리기론의 관점과 당파적 특성에 따라서 물질과 공간을 다루는 방식과 체계가 달리 나타나고 있는 것은 흥미로운 사실이며 건축물이 사상과 공간구조와의 관계가 긴밀하게 연계되어 구축된다는 것을 증명하는 사례라고 할 수 있다.

불교 건축의 공간구성은 외부에서 부처의 상징이 모셔져 있는 사찰의 중심공간으로 신체의 단계적 이동을 통해 흐름이 집중되는 특성이 있다. 따라서 외부에

38) 박명덕, 조선시대 주거건축의 형태 결정요인에 관한 연구, 대한건축학회 논문집9(10)1993. p106

개방적이며 주변 산세와 중첩되면서 조화를 이루는 경관을 보이고 단지 내부는 중심적인 중정을 계획하는 것이 필수이므로, 위요의 영역설정을 보인다. 물론 그럼에도 불구하고 일부는 열어주는 임기응변의 융통성이 존재하기는 한다. 반면, 서원이나 사대부 반가의 특성은 외부에는 폐쇄적이고 배타적인 경관을 보이고 주변 산세에서 두드러지게 드러나는 군집을 이루고 있는 반면, 내부에서는 구성원들 간의 긴밀한 연계가 이루어지는 상반된 배치의 특성을 보인다. 또한 외부에서는 폐쇄적이고 인위적인 특성을 보이지만 내부에서 외부를 바라보는 시선은 자연에 한껏 열려있어서 자연을 최대한 끌어들이기 위한 공간구조와 세심한 벽체와 바닥 레벨의 조정을 실행하고 있는 것을 확인할 수 있다.

'이러한 차이는 자연환경과 건축물의 위치를 설정하는 차이에서 발생하며, 근본적으로는 유교와 불교라는 거대한 세계관과 자연관의 차이에서 기인한다. 보통의 경우, 서원과 같은 유교건축은 안에서 바깥으로 향하는 원심적 경관구조를 지니는 반면, 불교 건축은 밖에서 안으로 향하는 구심적 경관구조를 가진다고 볼 수 있다.' 39)고 언급한다. 여기서 주의해야 할 사항은 불교건축과 유교건축이 대립적인 특성을 가지지만, 한국 건축이 가지고 있는 천지합일이라는 자연과의 관계, 순환성, 자율성, 조화성의 가치는 계속해서 유지되고 있다는 점이다. 불교의 경우, 세계에서 내 안의 자연(진여)을 찾는 자아의 탐색이자 수행이 중심이 되는 구심적 문화라고 한다면, 유교는 내적 자신의 수양을 통해 바깥의 세계로 나아가고자 하는 원심적 구성이라고 할 수 있다. 세계와 내가 결국은 하나라는 범아일여의 내재적 사유는 이상적 도덕적 인격체가 되어 세상으로 나아가 도덕적 이상 국가를 만들고자 하는 것, 그것은 미시적으로 또 거시적으로 돌려놓고 보아도 마찬가지의 내용일 것이다. 통합적으로 유, 불, 도의 가치는 각 시대별 중점을 두는 삼교 중 하나의 가치와 시각에 따라 자신의 방식으로 해석함에 따라 차이가 발생했을 뿐, 근본적인 동북아 사상과 건축의 가치는 유지되었다. 실제로 불교 사상이 전체 우주와 자신의 마음이 동일하다고 하는 구심적인 특성의 세계관이었다고 본다면 개인

39) 김봉렬, 김봉렬의 한국건축 이야기3_이땅에 새겨진 정신, 돌베개, 2006, p36

의 수양을 통해 전체 세계로 확장하여 도덕적 통치이론을 실행하고자 했던 성리학적 세계관과 정반대의 차이점을 보이고 있다. 그러나 개인과 전체 세계(우주)를 동일시하고자 했던 범아일여(梵我一如)의 세계관과 순환관, 그리고 내재적 사유의 전통은 계속해서 유지되고 있다는 점에서는 동북아 사유의 연장선상에서 일관성을 유지하고 있다고 볼 수 있다.

동북아 건축은 기능에 따른 건축의 유형이 있는 것이 아니라 모든 용도에 동일한 유형의 건물을 사용한다. 이것은 동양의 목조 건축이 제한된 구축적 틀을 가졌기 때문이다. 그러나 목구조의 틀이 만드는 단위 공간인 간(間)은 융통성이 있어서 그 틀 안에서 용도와 필요에 따라 기본적 유형이 증식되고 확장되는 것인데, 이것은 범아일여의 프랙탈 요소들이 증식되는 것과 유사하며 이를 통해 다양한 기능의 공간을 조직할 수 있다. 또 각 채의 건축물들을 군집시키면서 형성되는 다양한 외부 공간으로 여러 가지 프로그램을 수용할 수 있다. 요약하면, 서양 건축은 형태적 타입(유형)이 다양하지만, 공간의 분화는 섬세하지 않고 동양 건축은 타입의 변화가 적고 형태적 상징성은 약하지만 내, 외부 공간의 조직은 복잡하고 섬세하다. 그래서 동양 건축은 한 건물이 최초의 용도와 다른 기능으로 변환되기가 어렵다.[40] 기본적인 건축유형이 외적 변수에 반응하여 유사한 듯 보이지만 외적 변수에 최적화될 수 있도록 현실화 된 것이기 때문이다. 그러한 공간구조는 다른 외적 변수를 적용하여 다른 사람이 쓰기에는 불편할 수밖에 없을 것이다.

주위를 장악하며 우뚝 솟아 있는 서양건축과는 달리 동양의 건축은 자연을 거스르지 않고 장소에 조화를 이루며 배치된다. 산지 지형이 많은 한국의 경우, 산지 지형에 앉혀지기 때문에 자연스럽게 경사 지형을 적절하게 이용하는 건축군을 통해 지면을 활용할 수밖에 없을 것이다. 기단, 마당, 부엌, 방, 다락 등의 바닥의 레벨은 다채롭고 세심하게 계획된다. 또한 담장은 레벨의 차이에 따라 높낮이가 조절되면서 외부의 경치를 끌어들인다. 어떠한 경우, 담장은 무언가를 막는다는 개

40) 이상헌, 한국 건축의 정체성, 미메시스 2017, p395

념이 아니라 공간을 한정하는 역할만 할 뿐이다. 온돌의 설치로 인해 아궁이가 있는 부엌은 근본적으로 방의 레벨보다 낮을 수밖에 없으며 필연적으로 비대칭일 수밖에 없다. 마당 역시 마루 및 방보다 낮을 수밖에 없다. 이로 인해 한 공간인 집에서 다양한 레벨의 바닥이 나타나게 된다. 영역의 구분은 마당, 누마루, 대청마루, 부엌, 뒷마당 등이 모두 레벨의 변화로 유기적으로 연계되면서도 분산된 주체로서 구분이 되는 것이 특징이다. 이렇게 다채로운 레벨을 경험하면서 그 공간을 거니는 사람은 공간에서 부유하는 듯한 유동적인 느낌을 받게 된다. 그 가운데 한국 건축은 세심하게 계획된 레벨 차에 의해 영역들이 구분되는 특성을 보인다. 한국의 사찰이나 한옥 기타 기능의 건축물들은 사실, 같은 유형의 건축물로 구성이 되어 있지만 세심하게 계획된 특성으로 인해 다른 기능의 건축물로 쉽게 사용하기 힘든 특성이 있다. 그 집을 사용하는 사람들의 라이프스타일과 삶의 방향성, 그리고 기능이 세심하게 맞추어져 있기 때문이다.

한편, 한옥은 마치 변칙 복서와 같이 기본을 잘 알고 있는 가운데 상황에 맞게 변칙을 사용하거나 혹은 상황에 맞게 잘 적용하여 여러 기능을 동시에 유연하게 수용할 수 있는 방식을 선호했다. 일본 건축학자 스기야마 노부조는 일본의 건축에 있어서 '거대한 한 지붕 아래 여러 동으로 분화되고 다양한 기능으로 분화되어 복합적인 평면을 구성하고 있는 것은 용도의 분화와 강수량이 많은 일본의 기후가 그러한 변화의 추진력으로 작용하였다고 볼 수 있다' 라고 주장한다.[41] 그러나 한국의 경우에는 발달된 온돌의 방식으로 인해 대청마루와 온돌방을 구분하게 되었고 이로 인해 평면의 복합적, 유기적 변화가 이루어지게 된 것이 주요한 원인이다. 또한 이러한 발전방식은 일본보다 더욱 복잡하게 발달하고 있으며 평면에서 보이는 조선 건축의 성격은 민족 고유의 것에 기초하는 것이므로 중국 대륙과 비교하면 일본과 통하는 점이 많다고 볼 수 있다고 주장하고 있다. 일본 노교수가 인정할 정도로 한국 한옥의 복합적이고 유기적인 구성의 변화무쌍함을 한민족의 건축적 특성으로 드러나고 있는 것으로 판단하고 있는 것이다. 이처럼 한국의 건축

41) 스기야마 노부조, 일본조선비교 건축사, 서동천 역, 세진사, 2017, p227

은 동일한 유형의 건축물을 기본으로 하여 프로그램 및 기능의 분화와 통합을 섬세한 방식으로 엮는 기술이 뛰어나다. 오늘날 한국 동시대 건축의 특성에 있어서도 이러한 복합성과 유기적 특성 그리고 동시에 이질적인 요소들이 공존하는 동시대적 건축이 성취될 수 있는 방안을 고려해 볼 필요가 있다.

0317 생색과 집의 인격화 의미

동북아 건축문화의 특성 중 하나는 일정 정도 격식있게 지어지는 집의 경우, 집의 당호가 곧 집주인의 인격이고 사상의 방향성을 드러내는 수단으로 사용되었다는 점이다. 물질인 건축물을 인격의 수준으로 끌어올린 것이다. 열화당, 기오헌, 이로재 등 '~당(堂)', '~헌(軒)', '~재(齋)' 과 같이 '~하는 집' 이라는 뜻을 통해 유교적 관점에서 선비의 의지와 삶의 방향성을 드러내는 역할을 했다. 선비의 방에는 그 명칭에도 인격을 부여하고 기능과 쓰임새가 다른 것이다. '퇴계의 의견에 따르면 선생과 학생들이 모여 강학하는 방은 정사(精舍)이고 다음이 공부하는 방인 재(齋), 다음이 경관을 감상하고 심성을 수양하는 방인 헌(軒), 그리고 잠자는 방인 료(寮)이다. 하위 서열의 방이나 건물은 상위 서열보다 커서도, 높아서도, 화려해서도 고급스러워서도 안 된다. 성리학자들의 건축 유형학은 기능과 형태의 관계만을 지시하는 것이 아니라, 건축유형의 명칭과 사용자, 재료, 구조까지 지시한다.' [42]라고 한 것처럼 물질과 공간으로 이루어진 집 자체를 인격적 수준으로 높임으로써 마음의 수양을 함께 이루어가는 예법의 중요한 파트너이자 그 의지의 상징으로 외부에 드러내는 방식으로 간주하여 인격화한 것이다. 다시 말해, 조선 시대 반가 건물은 이름과 쓰임새가 그 주인의 인격과 도덕적 지향성, 그리고 도덕적 가치 등을 드러내는 수단이며 건축물과 그 주인과 일체를 이루며 주인이 인격을 드러내는 역할을 했다. 조선 시대의 반가 건축은 결코 위세 등등하게 자신을 드러내지 않으면서도 포근하게 그리고 동시에 격식 있는 방식으로 주인의 인품을 드러내는 방식이 선호되었다. 선비의 근본적인 특성이 마음의 수양을 통해 세계의 이치의 극에 달하여 그 이치가 다시 세상을 올바르게 다스리는 통치의 수준으로 승화할 수 있게

42) 김봉렬, 김봉렬의 한국건축 이야기3_이땅에 새겨진 정신, 돌베개, 2006, p132

하는 것을 이상적인 선비의 모습으로 간주했다. 그래서 마음의 수양을 온전하게 수행할 수 있는 집의 역할은 선비의 인격 수양에 있어서 매우 중요한 조건이었을 것이다.

이처럼 조선 시대에는 사대부 반가의 건축물 자체가 그 가문의 품격과 학문과 수양의 의지를 드러내는 집주인의 상징적인 역할도 했다. 따라서 한국 건축의 유형은 거의 동일하다고 할 수 있으나 각 반가의 특성은 가문들 간의 도덕적, 수양적 경쟁의식으로 미묘한 차이를 보이면서 각 가문의 아이덴티티를 드러내었고 그것은 가문의 건축적 특성으로 현시되었다. 좋은 기의 흐름이 응축된 입지의 선정이 끝나게 되면, 그 입지의 가장 적당한 곳에 마당을 선정하고 그에 따른 건물의 배치를 생각하게 된다. 이후에는 소우주로서의 마당과 직접 연계된 방과 자연경관이 어떻게 관계를 맺을 것인가를 생각하게 된다. 전체적인 위계에 따라 '자연→중심(마당)→각방의 순환→내외부 연결' 등의 건축적 내용을 위계적으로 구축해나가는 것이다. 조선의 선비들에게 한옥은 도덕적 인격체로서의 완성을 위해서 자연과 하나가 되면서 일상에서 수행과 실천이 함께 일어나는 장소였다. 그 수행 태도와 가치관이 드러나는 소박하고 절제되어 있지만 기품있는 공간과 경관은 외부로 표출되는 선비로서의 의지의 선언이자 은은하게 드러나는 선비의 품격을 드러내는 척도였다.

서원의 강당과 사당, 한옥의 안채와 사랑채 등은 각자에게 맞는 '제격'이라는 것이 있다. 생색이란 이런 개체 건물이 자신들의 격에 맞는 상태에 도달하여 이것을 적절한 표현 형식으로 내보이는 단계를 의미한다. 한국 반가 건축에서 '인격미는 생색의 개념과 유사하다. 생색이란 일체성의 한 형태이되, 여기에 충실 혹은 진정의 개념이 더해진 상태이다. 생색은 두 단계로 정의될 수 있다. 첫 번째는 내면의 정신상태가 인간의 외적 형체를 통해 표출되는 일체성의 한 형태이다. 두 번째는 이것이 개체의 자발적인 노력을 통해 자신에 내재하는 신한 본성을 확충하여 외형적으로 넘쳐나게 한 상태이다. 여기서 '자발적', '내재', '넘쳐나게', 등은 충실 혹은 진정의 개념에 해당된다.'[43] 라고 언급한 바와 같이 선비정신은 마치 칸트의 정언명령이 구체화 된 것과 같은 윤리적 삶을 보여준다.

유교는 집단성을 주도하는 폐쇄적인 규범으로 작동한 반면, 개체들은 정을 기초로 한 사적인 연대를 만들어 부족한 부분을 메웠다. 유교의 폐쇄성이 심해지면서 사적 연대조차도 집단을 지탱하는 하부조직으로 전락하기도 했다. 그러나 이익이 개입하기 이전에 순수한 정을 나누며 자발적으로 이루어진 사적 연대는 유교의 폐쇄적 집단성을 중화시키는 순기능을 해온 것 또한 사실이다.[44] 건축에 있어서 군집의 효과와 특성을 동시에 보여주는 부분이라고 해야 할 것이다.

0318 마음의 구축론과 생기의 윤리성의 유교적 통합

유교를 상징하는 직접적인 기능의 서원건축과 함께 조선의 각 건축물은 지형의 기운에 적절하게 순응하는 건축을 구축했다. 이를 통해 3차원적인 경관의 경험과 미세한 조정을 통해 조화로운 감각의 공간을 구축하고자 했다. 특히 그러한 장면들은 건축물 내부의 공간감이 아니라 건축물과 건축물 사이, 혹은 건축물과 외부공간, 혹은 건축물과 자연과의 관계에서 만들어지는 장면에 집중되었다. '건축물과 외부와 자연과의 관계' 에서 보여지는 것과 같이 한국 건축은 과정적 경험과 마음의 구축을 중시하는 특성이 자연이라는 생기의 흐름과 어떻게 반응하여 건축적 질서를 구축하는가가 핵심적인 과제였던 것이다. 한국 건축은 자연의 기의 흐름에 순응하기 위해 입지와 미세 기후와 외적 변수를 고려하여 건물을 앉히고 최대한 자연의 흐름과 기를 감지하고 받아들일 수 있는 공간구조를 구축했다. 이와 동시에 지형을 조정하여 자연을 끌어들이는 방법론을 적용하고 마음의 구축론을 통해 세밀한 조화를 추구하게 된다. 이 과정에서 중요한 점은 자연의 생기를 최대한 유연하게 받아들일 수 있는 접합의 방법론이 발전했다는 점이다. 외부와의 관계를 중시하면서 만들어지는 장면은 어떻게 보면 부수적으로 따라오면서 세밀하게

43) 임석재, 한국전통건축과 동양사상, 북하우스, 2005,, p219~221 내용 요약
44) 임석재, 상게서, p158

조정되고 조화를 이루는 것이다. 근본적인 것은 생기의 흐름과 움직임에 순응하는 구조가 우선이 될 것이다. 이 과정에서 유교적 특성이 중심이 되는 방식은 어떻게 되어야 할 것인가. 유교적 질서와 위계, 엄정한 경관의 분위기가 작용하게 될 것이다. 조선 시대의 건축 분위기와 경향은 이러한 공간적 구조가 중심이 되는 가운데 유교적 질서와 위계, 엄정한 분위기를 낼 수 있는 방식이 결합되면서 만들어졌다.

리의 질서를 중심으로 하는 예치국가 설립을 위해 마음의 도덕 정치학을 수립하고자 했던 조선 사대부들의 수양의 노력과 사상의 논쟁은 모두가 마음의 수양을 통해 전체 세계의 도덕적 질서로 나아가고자 했던 유교 통치 이데올로기의 영향이라고 할 수 있다. 그럼에도 불구하고 질서를 완전히 벗어나지 않는 한에서 최대한 자연의 조화와 함께 기를 중시하는 변화와 기의 흐름을 통해 공간 및 경관의 조화를 추구하고자 하는 경향이 실험되었다. 기를 중시하는 기호학파의 서원의 구축방식을 살펴보면 이를 감지할 수 있다.

한편, '우리가 쉽게 놓치는 점 중 하나는 한국 서원에서 느낄 수 있는 재질감이다. 커다란 석재와 색을 칠하지 않은 목재가 도처에서 투박한 듯한 질감을 드러내는데 이는 거친 듯 하면서도 직접적인 감각이다.'[45] 이처럼 한옥은 양면성을 잘 보여준다. 또 화려하면서도 동시에 일정부분 계급의 권위를 과시한다. 거기에는 일정한 절제와 어울림의 형식미가 공존하기 때문에 그리드 체계를 지켜 엄정한 느낌이 있으면서도 동시에 그리드 체계의 비틀음과 따뜻한 정감을 내포하고 있다. 이 모든 것이 불교로부터 영향을 받은 마음의 구축론과 생기의 윤리적, 유교적 통합이 이루어지는 건축적 성취로 나타난 것으로 볼 수 있을 것이다.

45) 임석재, 상게서, p7

건축에 있어서 유교 중심의 불교 인식론 재해석

0319 원통, 불이 사상과 체용상 개념

유교적 관점에서 불교를 해석하는 측면은 조선 시대 건축에 어떻게 반영되어 있을까. 그것은 질서와 위계를 중심으로 하여 구분하지만, 내부 구성원의 유대와 단합을 위해 원통과 불이의 순환성과 전체성을 가지고 있다는 고려 불교건축의 특성에서 진화된 구성을 보이고 있다. 한옥의 평면은 마당을 중심으로 하여 순환형의 평면을 보인다. 이른바 시작과 끝을 알 수 없는 순환형의 평면이다. 그것은 달리 이야기하면 원통(圓通)의 평면이라고 할 수 있다. '하늘은 둥그렇고 땅은 네모지다' 는 것이 동양에서 일반적인 생각이었다. 막힘없이 원형을 이루며 순환하는 동선과 함께 자연스럽고 자유롭게 통할 수 있는 구조를 만드는 것은 한국의 한옥 건축에 있어서 매우 특이한 부분이다. 중국의 사합원이나 토루 등의 방식도 원형 혹은 사각형의 중앙을 중심으로 하여 각 공간이 배치된 형상이지만 자유롭게 통하는 측면에 있어서는 한옥과 비교했을 때 답답하게 막혀 있는 방식이다. 단순한 형상이나 형태만이 아니라 한옥의 구조는 각 요소와 위치에서 자연스럽고 자유롭게 통하게 계획되어 있다는 점이 큰 특징이다. 네모의 기하학적인 한옥의 형상에서 원형의 순환과 움직임이 감지될 수 있도록 한 것, 네모와 원융의 공존이 함께 있는 방식으로 해석할 수 있다. 숭유억불 정책을 폈던 조선 시대에는 불교가 억압을 당했지만, 이것은 표면적 현상이고 밑바닥에는 여전히 불교가 살아있었다. 도교 역시 일반 백성들의 생활속에 계속해서 살아있었다. 이처럼 한옥의 자연스러운 접합과 동선은 문이라는 개구부뿐만 아니라 기둥을 제외한 열어젖혀지는 창문(들창)을 포함하게 된다면 개구부의 경우의 수는 무한대의 확장과 함께 접합과 자유로움(동선)으로 확장된다. 이러한 자유로운 접합과 흐름이 가능한 공간은 자연스럽게 놀이가 가능한 수준까지 이르게 된다고 임석재는 주장한다. 순환성과 자유로운 흐름과 접합이 놀이의 수준까지 이를 정도로 확장되는 것이 한옥의 생성과 순환의 특성으로 나타나게 되었다. 그러나, 이러한 자연스럽고 무한정한 동선의 확장에도 불구하고 엄정한 느낌의 유교적 특성이 감지된다.

불이사상에서 불이(不二)란 세상만사가 상대적인 것이 서로 의존하여 공존하기 때문에 차별없이 분별없이 또 언어의 그물에 걸림없는 절대 경지를 의미한다. 그래서 원융(圓融)한다는 것은 차별이 없이 공존하면서 원만하게 하나로 융합되어 있음을 의미한다. 불교는 이처럼 이분법적인 특성을 초월해서 차이와 갈등을 넘어설 수 있는 근본적인 부분을 고민하고 해결책을 제시한다. 깨달음과 무명, 성과 속이 결국은 다르지 않음을 이야기하는 것이다. 그것은 결국 무아(無我)로 연결된다. 차별하지 않고, 구분하지 않고 상대적인 요소들이 사이좋게 공존하는 공간을 의미하는 것이다. 건축에서 이러한 공간은 결국 다양한 요소들이 공존하는 다차원의 공간성을 의미하는 것으로 볼 수 있다. 명확한 실 개념이 아니라 회색 공간으로서 기능이 수행되면서도 느슨한 관계의 융통성이 허용되면서 순환하는 공간을 추구하는 것이다. 그것은 순환하면서 또한 원융하게 갈등없이 소통하는 것을 의미한다. 관습적으로 대립적이고 어울리지 않을 것 같은 기능의 실들이 함께 모여 있으면서 의외의 시너지를 이루는 공간, 혹은 성격이 모호하여 이것도 저것도 함께 쓰일 수 있는 공간, 자연과 내가 하나가 될 수 있는 공간 그래서 자연에 있는 것도, 실내에 있는 것도 아닌 반 외

5

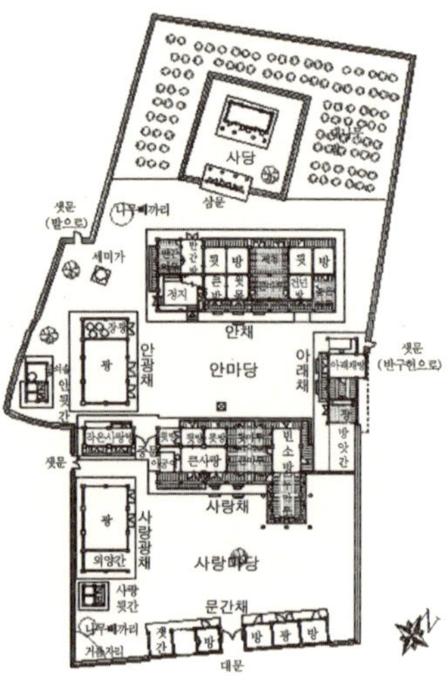

5 조선반가(정온 종택)의 순환적 평면

부, 반 내부의 회색 공간 등이 바로 불교의 불이사상, 원통사상, 원융무애 사상과 연계된다고 볼 수 있다.

반가 한옥의 경우, 이질적인 요소들이 접합되면서도 동시에 질서가 있고 위계가 있다. 자연과 하나가 되고 자연을 끌어들이는 공간구조는 모든 것을 원통하고 원융무애하게 융합시키는 힘이 있다. 그것은 불교 건축이 세밀하게 실험해왔던 건축적 성취들을 융합하고 가장 좋은 부분만을 축약시켜 놓은 결과물로 해석할 수 있다. 이러한 반가 한옥의 구성 특성은 성리학의 '체용 개념' 에 충실한 공간구조와 프로그램을 보여준다. 성리학이 불교의 인식론을 받아들이면서 발전했듯이, 성리학의 체용 개념은 불교의 체용상 개념의 연장선상에서 발전한 것으로 바라볼 수 있다. 이런 점에서 불교의 체용상 개념과 이후 유교의 체용 개념을 살펴보기로 하자.

—불교의 체용상 개념과 유교의 체용 개념의 변화

체(體)와 용(用)의 관계에서 체용은 주로 도교와 불교의 사상에서 논의되던 개념으로, 유교에서 받아들여 그 개념을 좀 더 정교화했다. 주희(朱熹)는 주돈이, 장재(張載), 정이의 본체론을 총 정리해 리와 기로 설명한다. 주희는 리(理)를 천지만물의 본체(體)로서의 형상(形相)으로 보았고, 기(氣)는 그 형상인 체를 구체화하는 작용(用)으로 보았다. 그가 리기이원론으로서의 인간 존재를 해명한 것을 살펴보면, 정이는 인성을 의리의 성(性)과 기질의 성(性)으로 나누었는데, 성을 리로, 정(情)을 기(氣)로 보고, 성은 착하지 않음이 없으나 정은 기의 청탁(淸濁)에 따라 선(善)과 불선(不善)이 있다고 했다. 좋은 기가 모여있는 상태를 선, 나쁜 기가 모여있는 것을 악이라고 본 것이다. 또한, 심(心)의 주체를 성이라 하고, 심의 작용을 정이라 함으로써 성, 정을 체, 용으로 설명했다.

이와 같이 체와 용은 사물을 본체와 작용, 또는 사람의 성품과 그 작용. 진리,

구조와 작용의 두 측면으로 나누어 각각의 의미와 상호관계를 이해하는 개념이다. 체와 용의 본체와 작용이라는 측면은 글자 그대로 존재의 중심을 이루는 것이다. 본체의 작용에 있어서 본체는 존재의 중심, 다시 말해 우주 만물이나 일체 차별 현상의 근본으로서 상주 불변하는 진리의 본래 모습 또는 진리 그 자체를 의미한다. 용은 본체가 어떠한 행동을 하려고 할 때 작용, 현상, 파생적인 것을 가리키는 개념이며 음양의 관계를 이루면서 행동을 만들어낸다. 두 가지 측면이 하나의 진리의 양면임을 밝혀 체용 일원이라고 한다. 두 개의 개념이 하나로서의 진리에 있어서 결국 서로 떼려야 뗄 수 없는 양면임에 주목했다는 점이 중요하다. 체라는 것이 흔들리지 않고 굳건히 자기 자리를 지켜야 한다는 관점에서는 체는 음의 작용을 한다. 반대로 '용' 이 실제 현장에서 부딪치는 다양한 상황에 따라 적절히 변화에 대처해 나가야 한다는 점에서 '용' 은 양의 작용을 한다고 본다. 국가나 회사나 군대의 어떤 조직이 구성되고 힘을 발휘하려면 반드시 체와 용이 조화를 이루어야 한다. 기획과 실행의 톱니가 정교하게 맞물려 돌아갈 때 그 조직의 목표는 원활하게 성취될 수 있을 것이다. 유교 건축의 정숙하고 경건한 형이상학적 공간체계를 이왕기는 '경(敬)의 건축' 이라고 지칭했다. 경의 주요한 목적은 리를 얻는 것이며 정(靜)은 리(理)의 체(體)이며 동(動)은 리(理)의 용(用)이라는 것이다.[46)]

지눌은 밝은 거울과 거울에 비친 영상들의 관계를 체용의 개념을 들어 설명한다. 그가 밝은 거울을 자성으로, 거울에 비친 영상들을 수연으로 부르는 것은 이런 이유 때문이다. 여기에서 수연이라는 말은 어떤 조건을 따른다는 뜻이다.[47)] 본체와 작용은 이렇게 하나만으로 존재할 수 없고 서로를 기다리며 상호역할을 수행하여야만 진정한 의미를 획득할 수 있다고 말한다. 마음의 영상들은 외적인 대상들과 마주쳐야 드러나는데, 그 드러남은 무한히 다양하기 때문이다. 거울의 바탕이 자성체이고 거울의 밝음이 자성용이라면, 밝음이 드러내는 영상들이 수연용이다. 밝음은 항상 밝아서 오직 한결같으니, 이것으로 마음이 항상 고요한 것이 자성체이고, 마음이 항상 알고 있는 것이 자성용이며, 이 앎이 언어활동과 분별 활동

46) 이왕기, 한국 유교건축의 경의 공간 에 관한 연구, 대한건축학회 논문집2(5), 1986. 10호 p48
47) 강신주, 철학vs철학: 동서양 사유의 모든 것, 그린비, 2010, p1026

등을 수행하는 것이 수연용이라고 말할 수 있겠다.

이해하기 쉽게 이야기하면 거울의 반사 원리라는 거울 자체는 자성체이고 거울하면 생각나는 밝음의 특성 자체는 자성용이며, 거울에 비친 차후의 실질적인 반사 작용 자체는 무언가에 의해 뒤따라 나타나는 수연용이라는 것이다. 거울의 본질(혹은 원리)을 알아야 하는데 거울에 나타나는 상에 의해 혼돈에 빠질 필요가 없다는 것이다. 우리는 종종 언어적인 특성에 호도되어 본질을 잊곤 한다. 달을 바라보라고 하는데, 달을 바라보지 않고 달을 가리키는 손가락을 바라본다. 인간은 항상 이와 유사한 실수를 범하곤 한다.

〈표2. 지눌의 체용 개념〉

1차체용	2차체용	핵심범주	마음의 구조	거울의 비유
본체	본체	자성체(自性體)	고요한 마음(空寂)	거울 자체
	작용	자성용(自性用)	마음의 앎(靈知	거울의 밝음
작용		수연용(隨緣用)	언어와 분별활동	거울에 비친 영상들

지눌은 밝은 거울과 거울에 비친 영상들의 관계를 체용으로 설명한다. 그가 밝은 거울을 자성으로, 거울에 비친 영상들을 수연이라고 부른 것도 이런 이유에서이다. 여기서 수연이란 말은 '어떤 조건(여기서는 외부 대상)을 따른다.'라는 뜻이다. 결국 거울의 자성과 수연이라는 것은 밝은 거울이 외부 대상에 따라서 영상들을 만들어낸다는 것을 의미하는 표현들이라고 할 수 있다.[48] 체용의 원리와 그것이 물화되는 상황은 서양의 이데아와 실재의 관계와 유사한 측면이 있으나 다른 점은 사물을 본체와 작용, 또는 사람의 성품과 그 작용, 진리, 구조와 작용의 두 측면으로 나누어 각각의 의미와 상호 관계를 이해하는 개념에 있어서 차이가 있다. 체용은 양측을 통합적으로 바라보면서 각 요소의 관계와 입장을 충분히 고려하여 결과를 낸다는 측면에서 다른 점이 있다.

주돈이의 태극도설에서 영향을 받아 태극으로부터 양과 음이 나타나게 되었

48) 강신주, 상게서, p651

고 양과 음의 작용에서 움직임이 만들어지는데 이 과정에서 리와 기의 개념이 등장한다. 보이지 않는 혼돈과 태극의 상황은 무의 상황에서 움직임과 드러남이 발생한다는 것이다. 그래서 '무(無)는 존재의 바탕이고 존재는 무의 무늬(figure)인 셈이다. 동양철학의 개념으로 환원하면 바탕은 체(體)에, 무늬는 상(相)에 해당한다고 할 수 있다.' 49)라는 의견과 같이 체, 용의 이론이 등장하게 되었다. 물론 주자학적 관점 이전에 불교에서는 체, 용, 상의 개념이 먼저 나타났는데, 이것이 심화되어 만물의 형성에 이해를 가능하게 하는 것에는 체용론이 주요한 역할을 하게 되었다. 체용의 리기론은 플라톤의 이데아와 복사(copy)의 세계와 같은 이원론적인 관점으로 대응하여 생각해볼 수 있다. 서양의 시각은 건축을 문화, 거주적인 관점보다는 오브제적인 관점으로만 판단하는 데카르트적인 사유의 단점이 발생할 수 있다. 서양 근대의 이분법의 폐해를 보완하기 위해 현상학에서 주체와 객체를 묶어(괄호치기) 현상학적 환원을 통해 다시 생각하려고 했듯이, 체용도 유사하게 양자를 동시에 고려하는 특성을 보인다.

체는 건축으로 이해하면 설계도와 같은 개념화된 것을 의미하며 용은 그것의 물질적인 드러남의 영역으로 볼 수 있다. 체는 보이지 않는 초월적인 그리고 선험적인(a priori) 진여(眞如)의 그 자체인 궁극적 의미를 뜻하며, 상과 용은 경험적이고 세속적인 의미로서 결과적인 모습과 작용 혹은 움직임을 뜻한다. 김봉렬은 체, 용, 상에 대해서 다음과 같이 정의한다. '체는 모든 사물과 현상의 근본이다. 그것은 본질이며 주체이고 몸이다. 더 구체적으로 말하면 한 시대 혹은 특정한 문화권의 건축적 원리(principles)를 의미한다. 이는 한 시대의 사회적인 정신이기도 하고, 근원적인 건축적 인식이기도 하다. 상은 체가 나타나는 현상이며 가시적인 결과이다. 건축적인 범주에서는 형태와 공간으로 나타나는 현상이며 가시적인 결과이다. 건축적인 범주에서는 형태와 공간으로 나타나는 각 건축물의 개성이며, 다른 건축물과 구별되게 하는 차연(差延: difference)이다. 그러면 용이란 체가 상으로 나타나게 하는 작용이며 움직임이다. 이는 다시 지역적 문화의 편차 혹은 주어진 대지

49) 김형효 사유나그네, 소나무, 2002, p16

의 조건, 또는 특수한 요구 때문에 선택되는 변용(adaptation)이다.' 50) 쉽게 이야기해서 설계도(체)와 기술 혹은 구축술(용)의 차이와 그것이 만들어내는 주거로서의 변화가 통합적 '존재 의미(거주)' (상)가 된다는 것이다.

국가 운영의 원리를 상징하는 궁궐, 혹은 주요 사찰, 혹은 서원 등의 건축유형에서는 특히 이러한 원리에 해당되는 체와 그 작용인 용이 거의 직접적으로 드러나는 경우가 많았다. 종교 신앙체계 혹은 국가 정치 지도체계인 원리(체)에 따라 건축을 집행하는 주체가 해석하여 각종 외적 변수를 종합하여 기능을 만족시키며 건축물을 구축하고(용), 거주를 위해 세밀하게 각종 디테일과 장소적 거주성을 함께 고려하는 것(상)이 중요하다고 할 수 있다. 이러한 방식의 사유체계는 서양에서 자연과는 유리된 채, 오브제적인 방식으로 주변을 장악하는 건축적 방식과는 다른 방향성을 보여준다. 건축의 체용상 개념의 분석을 통해, 기능, 구조, 미라는 서양의 기능적 분류체계에서 더 나아가 삶이 담긴 거주와 문화의 개념까지 포함된 동양적 가치에 대해서 논하는 이론도 있다. 그러나 현실적으로는 이해되지만 실행 단계에서 어떻게 다른 방식으로 나아가야 하는지에 대한 실질적인 방향성의 암시가 부재하다는 명백한 한계가 있다.

유학의 체, 용 개념에서 영향을 받아 건축 분야에서 체용 개념과 함께 더 나아가 체용상 개념이 있다. 체용상 개념은 서양의 대상화된 시각을 비판하며 동양 사유의 통합적 세계관의 중요성을 강조한다. 기능, 구조, 미라는 객관적인 관점과 형태 혹은 프로포션 등의 대상화된 사고로 건축물을 하나의 물리적 시각적 대상으로 보아온 서구인들의 사유에 대해서 근대성의 산물로 비판한다. 초월적인 것과 경험적인 것, 본질과 실제간 구분이 뚜렷한 서구철학의 이원론적 시각에서 벗어나 동양적 가치의 통합적 세계관과 시각을 건축에 적용하여 해석하고자 한다.

동북아에서 '천-지-인' 이 합일한다는 것을 주요한 개념의 하나로 생각하는 것

50) 김봉렬, 김봉렬의 한국건축 이야기3_이땅에 새겨진 정신, 돌베개, 2006, p65

은 서양의 하이데거의 '세계-내-존재' 개념을 떠오르게 만든다. 서양인이 단순히 주체와 객체를 이원화하고 대상화하여 사물과 대상으로서의 시각화된 건축물과 공간으로 다가가며 분석하는 것과는 달리 동북아 건축은 그 지역, 풍토라는 외적 변수에 대응하고 여기에 생성 변화의 원리와 거주의미를 함께 적용하는 불교의 총상적(總相的) 관점으로 바라본다. 체-용-상은 동양적 유불도의 주요한 관점 중 하나인 통합적 세계관과 연계된다. 동일성을 거부하고 주체의 대상화된 사유체계로 대상을 자신의 잣대로 함부로 제단하여 판단하는 것을 거부하고 전체적인 경험을 통해 종합적으로 판단하여 통합의 지식과 감각을 추구한다. 그것은 단편적으로 근대화되어 대상화시켜 계획한 주거, 즉 편리함과 위생적인 주거의 특성으로 인해, 우리가 느끼고 영위해왔던 원초적 감각의 주거의 특성과 일상감각을 잃어버리게 만드는 '생활세계의 식민화 현상' 을 극복하는데 도움을 준다.

체와 현상은 각기 별개의 존재가 아니며 본체의 드러난 모습이 현상인 동시에 현상의 본모습인 본체가 되는 것으로 생각한다.[51] 쉽게 이야기해서 서양의 건축물과 같이 시각적 대상으로서 단편적으로 파악하고 평가하려고 하지 말고 전체적인 분위기, 기능, 생활, 그리고 문화를 접목하여 종합적으로 파악하고 평가하자는 의미이다. 결과적으로 그것은 현상학의 '판단중지' 와 '종합' 의 개념과 유사하게 통합적으로 판단하자는 의미이다. 그럴 때만이 편협하고 부족한 일시적인 판단을 극복하고 안정적이고 정확한 판단을 할 수 있다. 그 이유는 건축이 인간의 감정과 마음, 그리고 생활이 하나가 될 수 있도록 계획되어야 하며 종합적으로 고려해서 거주의 의미가 될 수 있는 주거와 건축문화를 만들어야 하기 때문이다.

건축적 원리가 건축가의 해석 특히 지형적 해석을 통해 설정 변용된 전체를 구성하고 섬세한 시각적 조작과 요소들의 선택 그리고 적절한 디테일을 구사하여 공간과 형태의 상(相)을 구현하게 된다. 이들은 조직적인 그물망에서 서로 작동하는 관계를 형성한다. 부가적으로 설명하면 체는 쉽게 깨닫게 되거나 달성하기 힘

51) 이중우, 건축공간의 총상적 해석에 관한 연구, 대한건축학회 14권 6호, 1998, p6

들다. 사물이나 인간의 본질은 체이지만 갖가지 화학작용으로 용을 드러낸다. 체는 단순히 용을 통하여 한순간을 엿볼 수 있을 뿐이다. 체는 용을 통하여 드러나고 상을 만든다. 체는 용을 통해 드러나고 용은 상을 만들며 상은 체를 담고 체는 또 다시 용을 낳는다. 이처럼 체와 용과 상은 영겁의 순환 작용이 있다. 체, 용, 상은 동양사상의 순환적 음양오행 사유체계와 밀접한 관계를 지니고 있고 그런 연유로 순환 작용을 하면서 서로를 필요로 하고 기다리는 개념이다. 서양식으로 생각했을 때 르네상스식과 고딕식으로 흔히 나누거나 르네상스 혹은 바로크적인 것으로 구분한다. 한국적인 측면에서 르네상스식은 '완결성'과 '절제'이다. 그러나 체용상의 개념은 통합적인 하나의 구성체를 의미한다. 한 시점보다는 전체적인 통합의 관점, 계속해서 움직이거나 변화하는 가운데 조절과 중용을 의미한다.

여기서 더 나아가 비트루비우스의 기능, 구조, 미의 3분법적 요소를 통합적으로 바라보는 체, 용의 순환구조를 다음과 같이 제시하는 시각도 있다. 이것은 서양 건축과 달리 동양의 건축은 가치체계를 총상적으로 이해하는 방식으로, 시각화나 대상화가 아니라 기능, 구조, 미의 복합적 작용을 통합적으로 이해하여 건축물과 주변 환경 등을 종합적으로 바라보겠다는 의미이다. '이중우는 체용상의 분리될 수 없는 일면 삼체의 작용을 총상작용으로 규정하고 체용상의 건축적 개념인 의식, 환경, 행태의 관계를 총상 관계로 설명하였다.'[52] 다만, 통합적으로 이해하기 위해 체, 용의 개념에서 좀 더 분화하여 시공간에 존재하고 인간과 관계 맺는 건축물의 구조를 대상화된 서구적 시각보다는 통합적으로 이해하자는 의미이므로, 다만 해석방안만 존재할 뿐 다음 단계의 동양적 가치체계에 맞는 대안 및 발전방안을 어떻게 해야 할 것인가의 방향성이 부재한 것은 한계이다. 종합해서 바라보고 그에 맞는 대응 방안이 필요하다. 그 대응 방안에 따라 동북아 건축의 특성과 아이덴티티가 드러나게 될 것이다. 건축의 의미를 좀 더 긍정적인 방식으로 발전시키기 위해서 원리와 기능의 내용을 좀 더 초월해서 미적 공간화, 미적 구조화 그리고 미 또는 조화의 원리로써 구축된 구체적인 건축의 형태를 생각해 볼 수 있을 것이

52) 이중우, 상게서, p133

다.

원효의 화쟁 사상에 포함된 총상(總相)이라는 개념은 서양의 이분법적인 개념을 넘어서 종합적인 방식으로 세계를 바라보고자 하는 방식으로, 세상 만물과 운행의 방식을 상징하는 것으로 생각할 수 있다. 이는 근대 이성의 한계를 극복하고자 했던 현상학과 건축에 있어서 지역주의 및 비판적 지역주의 건축의 방식과 유사한 측면이 있다. 그의 사상은 오늘날 주체 중심의 대상화된 사고로 나타난 합리적이지만 무미건조한 현대건축의 생활세계의 식민화 현상을 극복할 수 있는 방안으로 그 의미가 크다고 할 수 있다.

0320 장수, 유식의 차연 개념과 회색 공간

'조선 시대에는 서원의 개념을 말할 때도 정사(精舍)와 마찬가지로 장수(藏修)와 유식(遊息)이라는 두 단어로 표현한다. 장수는 마음을 집중해서 학문에 힘쓴다는 뜻이고 유식은 즐기며 편안하게 쉰다는 말이다. 서원은 선현을 기리면서 학문에 몰두하는 곳이다. 장수(藏修)하는 곳이다. 그러나 사람은 오로지 긴장하며 학문에만 몰두해 있을 수는 없다. 팽팽해진 긴장은 적당한 휴식과 심신의 편안함을 통해 이완을 얻음으로써 다시 긴장으로 돌아갈 수 있다. 따라서 장수와 유식 두 가지는 서원에서 갖추어야 하는 양면적인 것들이 된다.' [53]라는 의견과 같이, 제향, 강학 등 학문에 정진하면서도 동시에 자연을 경외하면서 호연지기를 기르는 유식의 개념은 양면적인 가치이다. 그러나 그것은 양속에 음이, 음속에 양이 존재하는 동북아의 내재성의 가치를 상징하는 것이기도 하다. 그래서 제향, 강학의 시설과 유식의 시설은 대등하게 필수적으로 배치되어 건축유형으로서 구축되었다. 유식을 원활히 하기 위해 자연스럽게 서원의 입지는 자연의 풍광이 유려한 곳에 배치되었다. 수양을 통해 세계의 운행 이치를 깨닫고 도덕적 인격체로 완성을 이루고 입신양명하여 국가(세계)를 올바르게 통치하고자 나아가고 수행하는 목적을 가지고 있었기에 자연과 일체가 되어 자연의 운행을 감지할 수 있도록 하는 입지는 산수가 수려하게 조화를 이루는 장소여야만 하는 것이다. 숨 막힐 정도로 엄정한 학문적,

53) 김동욱, 조선시대 건축의 이해, 서울대학교출판문화원, 1999, p169

위계적 질서는 수려한 자연경관과 어우러지면서 휴식을 하며그 긴장감을 이완시키는 효과를 보인다. 한편으로 긴장과 이완의 상반된 가치가 양과 음이 공존하는 것처럼 한 영역에 공존하는 개념이다.

누각 및 정자 건축은 학생들의 휴식공간이기도 했지만, 정기적으로 지역 인사들이 모여서 정사에 대해서 소식을 전하고 평가하며 논의하면서 유림의 회합을 통해 단합하는 역할을 하는 중요한 기능을 담당하기도 했다. 때로는 정치적 입장이 형성되는 장소이기도 했다. 유교 건축은 불교건축과 달리 외부에 폐쇄적이고 주변 산세와 비교했을 때, 드러나는 상징성이 강한 집합성의 경관을 보인다. 그러나 내부에서는 유기적인 연계 관계가 있으며 내부에서의 시각은 외부에 개방적으로 열려있고 프레임이 위계에 따라 다른 경관을 보인다. 정자 건축과 같이 외향적인 경관을 보이는 건축물의 내부의 특성은 학생과 스승이 모두 자연의 운행을 올바르게 이해하고 세계의 운행원리를 깨닫기 위해서 자연과의 적극적인 동화가 필수적이었다. 도덕적으로 이상적인 인격체로 완성되기 위해 자연과의 동화, 세계 운행의 원리를 몸소 체득하고 이해하는 것은 유교의 도덕적 인간관에 있어서 필수적인 것이었다.

회색 공간의 개념과 같이 외부이기도 하고 내부이기도 한 처마 밑 공간, 누각 건축의 공간, 대청의 공간 등은 이처럼 외부이자 내부인 공간이며 자연과 생기의 연결점이기도 하다. 양속에 음이, 음속에 양이 존재하며 서로를 대대(待對)하듯이, 세상의 이치는 양립 불가능한 가치들이 공존하며 서로를 기다리며 운행하게 된다. 마찬가지로 원효의 화쟁 사상과 일심 사상은 양립 불가능한 이질적인 요소들이 공존하고 서로를 오가면서 상호보완하며 운행되는 세상의 이치를 설명해 보여준다. 진여문과 해탈문의 개념과 상호왕복은 깨달음과 실천이 사실은 하나라는 것을 잘 보여주는 이론적 사례라고 할 수 있다. 방 자체는 내부이지만 내부는 창 혹은 문이라는 외부와의 연계지점을 통해 외부와 연결된다. 방을 통해 더 큰 방

(외부 세계)과의 연결이 이루어질 수 있는 개념을 생각한 것이다.

그러나 결국 장수의 중심을 잡는 질서가 우세하게 존재한다는 점에서 유교 건축은 질서 속의 다양함이 주가 되고 있다. 그것은 기가 운행하면서 리가 드러나기보다는 리가 설정되고 기의 운동을 포용하거나 올라타며 체계를 잡고 있는 형국이다. 질서와 체계 자체를 잃고 있지는 않는다는 말이다. 거기에 유교 건축의 질서 체계가 존재한다.

0321 마음의 3차원 텍토닉과 시퀀스 미학

안영배는 화엄사와 금산사, 해인사 등 한국 불교 건축에서 공통적으로 보이는 공간적 특성과 경관 및 장면의 특성을 지각의 경험과 과정적 특성을 중심으로 분석했다. 그의 관점은 한국 건축의 주요한 특성을 개별적인 각 동의 건축이 중심이 되는 것이 아니라, 개별 건축물과 외부 공간 및 외부 공간의 요소들과의 관계와 장면으로 파악하고자 했다는 점이 중요하다. 외부의 자연경관과 위요성, 그리고 건축물과 외부 공간 및 외부 공간의 시각적 주요 요소들(탑 등)이 배치된 상황을 분석함으로써 한국건축의 장면을 조정하기 위한 세밀한 구성기법과 방법론에 있어서 질서가 존재한다는 분석방법론의 기초를 수립했다. 그의 분석론은 일견 무질서해 보이고 비정형으로 보이는 선종계 사찰의 가람구성 방법론이 실제로는 그 지형에서 만들 수 있는 시각적, 경험적 장면의 세심한 조정에 의해 최적의 조화로운 장면을 구성해낸 것이며 그러한 방식이 정교화된 것임을 증명한다. 그는 '즉흥성' 속의 질서 개념과 함께 계속해서 증, 개축하면서 좀 더 나은 방식의 경관을 만들기 위한 요소들을 덧붙여 나가는 방식을 한국 건축의 주요한 특성으로 간주했다. 자연 지형에 순응하여 건축물을 앉히는 가운데 긴장과 이완의 장면들을 만들어내고 이어 오랜 시간 동안 그 자리에 가장 적합하게 새로운 요소들을 덧붙이면서 최상의 조화를 만들어나가려고 했다. 이러한 것을 그는 '흐름과 더함의 공간' 혹은 플러스 산조(더함의 특성)라는 개념을 제시하면서 한국 건축의 주요한 개념으로 정립했다. 특히 그의 분석론은 당대 주요 건축가들의 작업에 많은 영향을 끼쳐서 한

6

국 건축의 외부 공간을 전이 공간, 매개 공간 등을 통한 과정적 건축, 장면의 구축을 통한 지각적 공간의 분석을 추구했다.

안영배는 전통 건축에서 주요 공간으로 진입하는 방식에는 보통 두 가지가 있다고 분석한다. 진입방식에는 '첫째, 누하 진입방식과 둘째 중문의 측면에서 우회하여 진입하는 방식 등이 그것인데, 누하로 진입하여 정면성을 바라보게 되면 평면적 회화구성이라고 보았으며, 후자의 경우 측면에서 보기 때문에 건축물의 경관이 입체적이고 조소적인 경관이 구성되고 주변 건축물과의 시각적 특성으로 인해 마치 부채꼴과 같이 펼쳐지듯이 전개되는 경관을 즐길 수 있다고 언급한다.[54) 특히 이러한 방식은 불교 사찰건축에서 계속해서 그 기법이 정교화되면서 발전하게 되었다. 산지 지형에서 여러 차례 중건, 개보수, 증축, 이축을 거듭하면서 세밀하게 장면과 경관과의 조화방식과 산지 지형과의 경관과 공간의 조화방식을 발전시켜온 것이다. 이렇게 장면의 조정방식, 과정적, 장면적 건축의 경험 시나리오 등의 특성은 바라보는 사람의 세계를 중시하는 일체유심조의 유식 불교사상에서 영향을 받은 것이며, 직관적인 선불교의 특성이 녹아 들어가면서 만들어진 건축의 자세라고 할 수 있다. 또한 계속해서 세밀하게 장면을 조정하는 방식은 건축에 있어서 영조(營造)의 개념이 발전되었던 것이다.

각 사찰들은 계속되는 국난과 어려움속에 여러 차례 중건되면서 그 영역에서

6 지형을 고려한 봉정사의 우회진입과 누하진입

54) 안영배, 흐름과 더함의 공간, 다른세상, 2008, p60

불전과 탑의 위치 등은 여러 차례 경험적으로 적합한 위치에 놓여지고 바꾸고 실험하며 건축되었을 것이다. 이러한 계획방식은 마치 신과 같은 입장에서 일점 투시도와 같이 건축물이 중심이 되고 주변 영역을 장악하는 방식으로 계획하는 서양의 건축 구축방식과는 다른 것이다. 그것은 계속해서 최적의 해결안을 찾기 위해서 끊임없이 '영조(營造)' 하는 것이며, 체험을 기반으로 하여 자연과 건축의 조화로운 최적안을 찾아가고 만들어가는 것이다. 그것은 유식불교 및 선불교에서 마음을 찾아 자기의 세계를 구축하고 자연과 일체화를 이루고자 하는 사상과 공명하는 방식이다. 한국의 건축은 교종 중심의 중축선이 강한 교조적이고 전형적인 단지 건축에서 탈피하여 각 지역별로 토착화되면서 다양한 공간의 변화와 체험적인 경관의 조화를 성취할 수 있었다. 상대적으로 국난과 어려움이 많았던 국가의 역사가 오히려 공간과 건축적인 측면에 있어서 새롭게 만들어나가며 보완, 발전하는 계기로 삼았던 것이다.

마음의 축을 중심으로 하는 토착화된 선불교 미학의 공간구조는 다음과 같은 특성이 있다. '각 건물과 건물 및 지형의 고저 차이에서 오는 외부 공간들이 만들어내는 켜들의 중첩에 의해서 공간은 두께를 가지게 된다. 그 두께는 한눈에 파악되는 것이 아니라 전체 공간을 거닐었을 때 공감각적으로 통합되면서 전체를 조합하며 감응하도록 만든다. 이것은 방향성과 깊이감을 주기 위한 시각적 축이 아니라 공감각을 위한 축이라고 이야기해야 할 것이다. 다른 말로 하면 마음의 축이다. 그 축들은 동북아 사유에서 계속해서 등장했던 마음의 수양을 위한 축들이라고 해야 할 것이다. 그것은 외부에서 보여지는 것보다 내부에서 외부를 향하면서 자연을 마주하며 만드는 일체감과 함께 세계의 운행과 자신의 마음의 수양이 일체화가 되는 선비의 마음을 추구하는 것이다. 유식불교에서는 모든 사람들이 각자 자신의 마음을 통해 바라보는 자신만의 세계가 하나씩 존재한다고 생각한다. 일체유심조(一切有心造)를 통해 만들어내는 세계가 각자의 시각과 안경에 따라 다른 세계로 인식되고 창조된다는 것이다.

7

대상을 바라보는 전통적인 방식인 칠관법은 다양한 시각을 종합하여 전체적인 인상을 종합하는 것이다. 한옥은 칠관법으로 읽고 분석해야 하듯이, 한 번에 전체적인 인상과 인식을 할 수 없고 전체를 돌아보고 종합하여 그 건축을 인식해야 한다. 결과적으로 그럴 때에 큰 감동이 밀려온다. 한옥은 유동적이고 분산된 시점들이 모여 종합적인 인식을 형성시켜야 한다. 전통 건축에서 사용했던 방식은 이처럼 각 지형 및 주변의 여건과 외적 변수를 적절하게 고려하여 새롭게 해석하여 만들어내는 것들이다.

영산암은 자그마한 암자이지만 나지막한 산등성이에 여러 채의 건축 요소들이 앉혀지면서 상호 연계된다. 중정에 활기찬 공간의 변화와 함께 동적인 분위기를 만들어내고 있다. 삼성각이라는 불교와는 이질적인 요소가 건물의 흐름속에 삽입되면서 의외의 공간적 단절과 함께 리듬에 파격을 가져온다. 동시에 새롭게 리듬을 만들어나가고 있다. 응진전과 염화실 사이에 비집고 들어선 듯이 삽입된 삼성각의 형태는 고요한 흐름에 파격을 주고 있다. 안영배는 '오히려 작은 규모의 삼성각으로 인해 응진전이 돋보이게 되었으며, 그 주변으로 활력있는 유동적 공간이 형성될 수 있었다. 말하자면 삼성각 건물이 이곳 주변 공간에 활력을 유발하는 촉매작용을 하게 된 것이다.'[55]라는 의견을 언급하며 삽입된 건축물로 인해 발생하는 긍정적 효과에 대해 분석하고 있다. 또한 한국 건축은 차경의 기법을 통해 외부의 자연과의 관계에서 외부를 최대한 끌어안고자 하는 방식이 정교화되었는데, 선조들은 담장의 영역을 한정하면서 레벨을 자연스럽게 구획하고 담장을 통해 자연경관을 집안으로 끌어들여 공간의 영역을 무한으로 확장하는 방식을 발전시킨 것이다. 한국 건축에서 여러 채의 건축물과 중정을 이루는 공간은 외부 공간과 트여진 누각 건축을 중심으로 시각적으로 자연과 일체화될 수 있도록 계획되

7 영산암의 중정마당과 매스의 리듬감과 조화

55) 안영배, 상게서, p247

8

어 있다. 내부의 대청에 앉아서 멀리 보이는 자연풍경을 바라보면 원경으로 조망하면서, 그 사이의 중정 공간은 시각적으로 무한히 뻗어나가는 개방성의 공간이 된다. 이러한 공간은 서원 건축뿐만 아니라 불교 건축에서도 여실히 발견되는 점이다. 반면 건축공간에 둘러싸여 있는 마당의 중정은 자연풍경에 근경으로 조망되면서 공간이 대비되어 정적으로 느껴지게 된다.

병산서원의 만대루는 마치 지형의 흐름 가운데 살며시 앉혀져 있어서 매스로 느껴지지 않는다. 그것은 마치 무게가 나가지 않는 최소한의 구조로 단순하게 구축된 구조물이 임시로 앉혀진 느낌이다. 필로티로 들어 올려진 아래로 자연 지형이 흐르면서 지형의 기가 함께 흐르는데, 이는 공간의 흐름의 연장으로 읽혀진다. 멀리 병산의 산세의 흐름과 함께 이 공간은 역동적인 공간으로 변모하게 된다. 이렇게 한국 건축은 지형의 흐름에 따라 순응하는 요소들이 앉혀지고 그것들이 외부 공간과 만들어내는 장면 장면들의 체험들이 종합되어 전체 공간의 인상을 만들어나가게끔 계획되어 있다. 최초 불교 사찰군의 건축과 같이 도심 평지 내 정형적인 군집체에서 산지의 특정 조건들을 적용해야 하는 상황들이 많아지면서 이렇게 산지 지형에 오르면서 경험하게 되는 외부 공간과 건축물과의 관계와 경험이 중요하게 되었다. 최소한의 집합군의 형식을 갖춘 이후에는 각 요소는 산지 지형과 외적 변수에 탄력적으로 대응하면서 비정형 및 비 완결의 건축공간으로 변화된 것이다. 그러나 그 공간은 실제로는 그 상황과 외적 변수에 최대한 인간의 신체와 시각 및 각종 감각에 적합한 방식으로 계속해서 수정되고 덧붙여지고 보완되

8 병산서원 만대루의 배치와 지형의 조화

며 자연과 주변 환경과 조화를 이루는 3차원 경관을 만들어냈다. 그러한 경험과 장면의 연속은 공간이 마치 살아 숨 쉬는 것 같은 느낌을 주는 방식으로 진화하게 된 것이다.

조선 시대 반가의 주거 건축은 이렇게 한국 건축이 발전시켜왔던 동북아 사상의 천인합일의 정신과 세련된 마음의 구축론과 절정의 시퀀스 기법과 조절기법 등이 통합되고 축소되며 하나의 소우주를 만들어 놓은 정신적 집적체라고 할 수 있다. 그것은 고대로부터 이어온 천인합일의 특성과 풍토의 외적 조건에 대응하여 생기의 건축을 추구한 것이고 또 삼국시대부터 고려 시대를 거쳐 발전했던 불교 사찰건축에서의 한국적 토착화와 발전의 기술적, 공간적, 구조적 특성들이 소규모 주거 건축에도 유사하게 적용되며 공간의 질을 높인 결과물이다. 조선시대 반가 한옥은 높은 정신의 집적체이자 유교적 이상의 현시로서 구축된 것이다. 도입 당시 격식있고 최신식이었던 불교 건축은 토착화되며 실험되고 한국적 방식으로 정착되어 조선 시대 반가건축에서 그 내용이 압축되고 융합되며 통합적인 한국건축의 특성으로 등장했고, 한옥의 구성으로 완성되어 오늘에 이르고 있다.

건축에 있어서 유교 중심의 도교 세계관 재해석

0322 질서(법치)와 음양오행 조화의 미학

음양오행의 순행 자체는 하나의 세계 운행의 질서를 의미한다. 따라서 순환과 순행의 법칙이 공간 안에서 구현되고 공간을 점유하는 각 요소가 상징하는 바가 각 요소와 반응하여 운행한다. 각 요소는 공간 안에서 각각의 장(field)을 형성하며 자기 자신의 자리를 찾아간다. 그 자리에서 각 요소는 자신의 역할과 기능을 수행하면서 운행에 동참한다. 그것이 바로 음양오행의 조화이자 순행의 미학이다. 그것 자체는 세계가 운행하는 법이자 순리 그 자체이다. 특정 기능의 건축군도 이러한 특성을 보인다. 공간을 점유하는 건축물의 각 요소는 그 기능이 필요한 부분을 찾아간다. 그 기능의 건축물은 각각의 영역을 확보하면서 다른 기능의 요소들과 반응하여 전체적인 구성을 만들어간다. 이를 통해 전체적인 기능이 순행을 이루게 된다.

도교적 세계관에 있어서 조선시대의 한국 건축은 음양오행을 기본으로 하는 질서를 중심으로 하여 엄정함의 요소를 끌어안은 구조를 선보였다는 점이 특징이다. 그러한 점에서 한국의 건축은 도시적인 콘텍스트에 맞추어 외적인 형태는 도시적 그리드 체계에 순응하고 내부에서의 각 요소들은 다양한 기능을 수행하기 위해 위상기하적인 방식으로 공간을 이루는 기능들이 연계되고 외부와 접합되어 기능하게 된다. 마찬가지로 한옥의 특성 역시 외부에서 보았을 때 단정한 방형의 기하학적 구성을 띠고 있지만, 내부의 구성은 위상기하적으로 다양한 동선 체계와 접합을 이루도록 계획되어 있다.

동양의 사유체계는 음양오행을 근본으로 하여 태극의 원리가 나오고 음양이 상보적이고 서로를 기다리는 순환적 관계이다. 동양인은 이에 대한 확고한 세계관을 가지고 있기 때문에, 세계의 만물 중 일부인 신체도 음양의 일부로 간주하여 음양의 법칙에 의해 순환하며 운행한다고 보았다. 형이상학적 관념과 대의명분을 중시했던 유학자들은 우주 생성과 인간의 심성의 발로를 과학적으로 분석하고자 했다. 동양사상에서 음양오행을 살펴본 바와 같이 이와 같은 부분에도 서양 사유와는 많은 차이점을 발견할 수 있다. 주역의 복잡다단한 내용은 결국 태극으로 귀결되며 태극에서 음양이 생기고 음양은 다시 팔괘가 되고 여기서 다시 나뉘어 선천과 후천의 팔괘들이 결합되어, 64괘의 역점을 볼 수 있는 구조가 된다. 음양과 관련된 동양학에서는 이렇게 1-2-4-8-64의 이진법적 논리가 지배적으로 발전했다.

한국의 건축은 오행의 논리와 같이 각각의 요소들이 관계를 맺으며 상생의 역할을 하는 구조와 경관을 만드는 방법론이 정교화되었다. 풍수지리는 자연의 기의 흐름과 지형의 기의 흐름을 분석하여 도시, 주택과 묘자리 등이 입지하는 방법론을 발전시켰는데, 자연의 기의 흐름과 상생할 수 있는 입지, 상극을 피할 수 있는 입지를 선택하는데 도움이 될 수 있도록 했다. 또한 입지를 한 이후에 건축 혹은 한옥의 공간구조는 주변의 자연환경과 상생할 수 있는 관계가 될 수 있는 공간구조를 만든다. 이후, 건축 내부에서는 외부와의 접면(interface)과 바람과 채광이 원활하게 이루어질 수 있는 구조를 만들어내는 역할을 했다. 그러므로 풍수지리 및 환경에 대한 방법론은 오행에 맞추어 상생의 조건을 취하고 상극의 조건을 피하는 방식으로 정교화된 것이다.

자연은 끊임없이 움직이고 끊임없이 변화한다. 그것이 자연 운행의 도(道)이자 법칙이고, 자연 운행이 곧 도 그 자체이다. 순리대로 흐른다는 것은 일의 되어가는 양상이 상생의 방향으로 각 요소의 관계가 이루어져야 한다는 것을 의미한다. 앞서 살펴본 상생과 상극의 관계에서 집은 당연하게 주변의 요소들과의 관계에서 상생을 통해 그 집을 사용하는 주인이 상생의 좋은 기운을 타고 생활할 수 있도록 건축적 공간과 요소와 표현이 이루어질 수 있도록 하는 것이 바람직할 것이다. 부족한 부분이 있으면 보완될 수 있는 요소들을 배치하고 좋은 부분은 계속해서 유지될 수 있는 요소를 배치하는 것이 풍수와 실내 풍수의 방식이다. 상보 원리와 음양 원리의 요소들이 조화를 이룰 수 있도록 하는 것은 직접적인 해결이 아닌 간접적인 방식인데, 그것은 보완을 통해 근본적인 해결을 지향하는 관계의 법칙을 중시하는 동북아 사상과 건축의 접근방식이다.

조선 시대 한옥은 유, 불, 도 삼교의 통합 중에 유교적인 질서를 중심으로 하여 불교적 특성과 도교적 세계관이 결합된 통합적 건축으로 세밀하게 발전했다. 특히 한옥은 도교적 세계관에 있어서 음양오행과 풍수지리적인 특성이 수준 높게 결합되어 기의 흐름이 상생을 이루며 원활하게 소통될 수 있는 공간구조와 경관구조가 만들어졌고, 계속해서 세밀하게 조정을 이루며 발전된 것이었다. 오늘날에도 이러한 요소들은 동시대적인 방식으로 새롭게 재해석 될 수 있는 방안을 생각해보아야 할 것이다. 그러나 단순히 오행의 조화뿐만이 아니라 질서속의 순행과 조화, 그리고 다양성을 포용하는 건축이 되어야 할 것이다.

0323 생기의 건축과 윤리성

한국 유교는 성리학으로 대표되고 성리학은 유, 불, 도의 사상들이 통합되어 있으며 상하 질서와 체계 등이 엄정하게 조화를 이루며 유, 불, 도의 요소들이 녹아 들어가 있다. 인도의 베다 사상과 중국의 노장사상의 자연 순응과 순환성은 대립성을 초월하여 작용한다. 또한 주역에서 중요한 부분은 중앙을 중심으로 하여 순환하고 과도하지 않으면서(중용, 中庸) 중심과 평형을 잡아가는 것이다. 업을 쌓는 것과 순환하면서 생성하고 소멸하는 것은 자연 합일의 브라흐만과 아트만의 관계로 볼 수 있다. 그것은 오늘날 프랙탈의 개념과 연계된다. 또한 그 운행과 순환과 움직임은 보이지 않지만, 엄연히 존재하는 기의 흐름으로 본다. 이러한 방식의 사유들을 종합함으로써 통감각적으로 몸 전체를 이용하여 자연과 합일되고자 하였던 것, 자연의 지극히 성실한 운행과 함께 자신의 삶과 방향성을 살피며 도덕적으로 자연의 법칙에 순응하며 살고자 하는 것이 바로 동양 사유의 가치이자 성리학적 가치이다.

특히. 도교에 있어서 풍수지리적인 특성은 자연과 지형의 모든 것이 기의 흐름에 의해 굳어지고 운행되는 것으로 보고 있으므로, 그러한 기의 흐름에 순응하여 적합하게 건축물을 입지시키고 미세 기후에 적합한 건축공간구조를 만드는 것은 자연스러운 것일 뿐만 아니라, 응당 그래야만 하는 것이었다. 한국인은 자연의 흐름과 기의 흐름에 맞추어 사는 것을 윤리적인 측면까지 그 정도를 격상시킨 것이다. 우리 선조는 자연의 흐름을 거슬러 구축되거나 배치되는 것은 그 자체로 비윤리적이라고 보았다. 풍수지리 역시 그러한 방식과 태도가 체계화된 이론으로 정착된 것이다.

사대부는 학문의 수준을 높여 세계의 운행에 맞추어 살아야 하는 것이 윤리적이며 그러한 도덕성의 완성을 중심으로 하여 통치의 단계로 나아가 국가를 도덕적으로 천리에 맞도록 통치해야 함을 중시했다. 사대부는 한번 올바른 것을 깨달으면 그것을 목숨을 걸고 지켜야 한다고 생각했다. 자연의 흐름과 지형의 형상은 모두가 기의 흐름이며 지형은 기의 흐름이 굳어진 것으로 여전히 그 내부에는 기의 흐름이 계속되고 있다고 생각했다. 앞서 언급한 대로, 기의 흐름에 맞추어 사는 것과 기의 흐름을 거스르지 않아야 하는 것은 절대적으로 윤리적인 수준에 가깝다. 이러한 논리에 맞추어 생각한다면 도시, 건축의 입지, 한옥의 공간구조 등이 자연의 기의 흐름과 상생의 구조를 만들어야 하는 것 역시 절대적으로 중요한 부분이었다. 특히, 왕의 통치를 원활하게 수행하기 위해 필요한 궁궐, 사대부를 육성하는 서원 건축, 그리고 일상의 생활에서 수행을 동시에 추구하는 사대부의 한옥(반가)은 이러한 기의 흐름과 상생을 이루면서 올바른 자연의 흐름과 함께 도덕적인 수행의 완성을 취하려고 한다는 점에서 매우 중요한 고려사항이 되었다.

그러나 한국 건축에서는 이러한 가치를 실현하기 위해 지나치게 엄격한 방식을 고집하지는 않았으며, 외적 변수에 적절하게 대응했다. 특히 조절 능력, 자율성에 있어서 응용력을 발휘하여 변형(기형)과 변칙의 수용(자연적 수용) 능력이 특별히 우수하다. 한국 건축은 주변의 콘텍스트에 순응하는 가운데 논리적으로 전체적인 흐름의 기하학적 질서를 따라가지만, 그것은 완벽하게 기하학적 질서에 맞춰진 질서가 아니라 느슨하게 열린 기하학 및 변형(해학적 요소)과 '생성의 리(理)'의 구축이라고 할 수 있다. 그것은 덜 조직된 구성이면서, 동시에 다른 상황의 포용성이 확장된 조직의 구조화라고 할 수 있다.

'유교의 한계와 위험성을 경계했던 도교 사상이 유교 사상과 혼재하는 현상은 건축에서 특히 두드러졌다. 이것은 건축을 담당했던 장인 계층이 상대적으로 유교에 덜 중독되었기 때문으로 볼 수 있다. 장인 계층은 민간의 밑바닥에 널리 퍼져 있던 도가 사상의 영향을 더 많이 받았던 것으로 볼 수 있다. 도가에서 가르쳤던 절제와 자유 개념은 건축 조영에 반영되어 어울림의 개념과 형식미를 더욱 풍부하게 했다.[56]' 라는 의견과 같이, 서민의 입장에서 유, 불, 도 가운데 민간신앙적 요소가 강한 도교의 세계관이 조금 더 강하게 영향을 받고 있었기 때문에 사대부들의 이상과는 달리 그것을 실행하는 장인들의 작업 관성과 접목되면서 조선 시대의 구축형식으로 굳어졌을 것이다. 한국 건축에서 유연하게 사용하는 부분으로, 대들보는 특히나 자연 그대로의 형태를 거의 그대로 사용하는 경우가 많다. 서까래 및 내부 구조재 역시 자연 그대로의 형태를 적용하는 방식을 통해 자연 그대로의 느낌을 중시하여 구축하고 있다. 자연스럽게 재료와 구조가 하나로 구축되는 한옥의 구조와 양식은 그 자체로 자연스러운 통합체가 되고 있다. 사대부들의 이상적인 학문 세계와는 달리, 건축을 의뢰하여 수행하는 건축 장인들은 상대적으로 도교적 관점에 친숙한 서민들이 중심이 되어 자신들의 가치가 반영되는 건

56) 임석재, 한국전통건축과 동양사상, 북하우스, 2005, p159

축 구축방법론(텍토닉)과 디테일을 접목했기에 더더욱 도교적 관점의 건축적 특성이 공존하고 있다.

—생기의 건축과 윤리성의 발전 가능성

도산서당은 일국의 주요한 학자이자 정치적 거두인 관리가 낙향하여 지은 집으로 자신의 공간이 세 칸의 건축물이다. 단순하고 별것 아닌 것처럼 보이며, 최소한의 주거처럼 보이지만 그의 건축은 여러 가지 측면에서 깊은 내공을 뿜어내고 있다. 일단, 그의 건축은 3칸이 각자 다른 기능을 상징하며 최소한의 기능과 형태를 보인다. 불을 사용하는 부엌 칸과 온돌이 있는 방의 구획, 그리고 외부의 대청으로 순차적으로 이동하고 있다. 마치 불의 공간에서 외부의 공간으로 화학적 변이가 점차 이루어지는 듯한 형국이다. 정자 건축과 같이 자연의 흐름을 온전하게 감지하고 즐기면서 학문에 정진할 수 있는 주거공간, 그리고 사계절에 순조롭게 적응할 수 있는 카멜레온과 같은 최소한의 집을 제시하고 있다. 거기에는 어느 것 하나 더하거나 뺄 수 없는 검박함과 필수불가결한 완결성이 있다. 또한 평면에 있어서 도산서당은 마치 르 꼬르뷔지에의 5원칙 중 자유로운 평면을 구사하듯, 기둥을 제외하고 칸(間) 사이의 벽과 장식장을 자유롭게 계획했다.

사대부 선비에게 마음의 수양은 곧 성리학의 배움에 대한 실천이라고 할 수 있다. 건축 분야에 있어서 이를 위해 자연과의 조화를 가장 중요한 과제 중 하나로 간주했다. 그것은 자연의 도를 중시하는 도교적 세계관과 마음 수양의 불교, 그리고 성리학적 도덕론 및 통치론이 결합되면서 나타난 현상이다. 이를 위해 한국 건축은 인위적인 기교를 자제하고 지세와 풍수를 존중하여 자연과의 유기적 관계를 느낄 수 있도록 정자, 누각을 적극적으로 이용했는데, 주거에서도 대청마루 및 누각의 일부를 접목하여 사계절의 변화를 원활하게 감응할 수 있도록 했다. 또한 창호 및 창호지를 사용하는 방식에 있어서 내외부가 얇은 막 하나로 계절의 기운을 느낄 수 있도록 하는 방식을 선호했다.

–기호학파의 정자건축

기호지방의 정자들은 직접적으로 자연의 흐름과 생기를 잘 접목할 수 있는 건축적 경향뿐만 아니라 자연과 함께 하고자 하는 도교적인 선비문화와 함께 구축되었다. 권력에서 낙향한 선비들은 도교의 죽림칠현(竹林七賢)의 영향을 받아, 마치 세속의 각종 욕망을 초월하여 신선과 같이 은거(隱居)하며 소요(逍遙)하는 것을 이상적인 선비의 모습으로 간주했다. 그들은 자연의 운행을 직접적으로 체험하면서 학문의 완성과 도덕적 인격의 완성을 추구했다. 사대부들은 자신의 롤모델을 유, 불, 도를 통합하여 학문의 체계를 세운 주자로 삼았다. '주자를 이상적 인물로 숭상한 사림(士林)은 모든 행동 사항에 있어서 주자가 그들 행동의 지표가 되었다. 주자는 때때로 관직에 나가 자신의 뜻을 펼치기도 했지만, 만년에는 무이산에 들어가 무이정사를 짓고 그곳에서 후진을 양성하면서 자연 속에 묻혀 시를 짓고 살았다. 이는 조선의 사림들에게 하나의 이상이 되었다.'[57] 사대부들은 학문을 추구하며 이상적인 도덕적 인격체로 완성되면 세계로 나아가 자신의 이상을 정치적으로 펼쳐 이상적인 도덕 국가를 만들고자 하는 것이 목적이었다. 또 특정 정치적 상황에 의해 낙향하게 되면 은거하며 때를 기다리고 자연과 벗하며 도덕적 인격체로 거듭나고자 했다. 이를 위해 사대부들은 원림 속 정자 건축 혹은 자연과 함께 하는 정사(精舍) 건축을 경영했다. 여기서 '경영' 한다는 것은 자연을 크게 거스르지 않으면서 자연과 하나로 동화되기 위해 자연과 정자와 자신을 함께 가꾸고 관리한다는 '영조(營造)' 의 의미이다.

'16, 17세기를 지나면서 조성된 선비들의 정사 또는 정자 건물들은 지역적인 고유한 형태를 갖추고 있고 학파에 따라서도 약간의 특징을 보이고 있다. 그런 가운데 이들 건물에 공통으로 흐르는 것은 절제된 형식과 자연에 대한 적극적인 동화(同化)이다. 그 바탕에는 주자에서 비롯된 성리학적 자연관이 작용하였는데, 거기에도 선비들의 절제된 미의식이 있었다.'[58] 16세기에서 17세기에 걸쳐 건축유형으로 정착된 정자 혹은 정사 건축은 지역적인 특성을 보이기는 하나 전체적으로

57) 김동욱, 조선시대 건축의 이해, 서울대학교출판문화원, 1999, p125
58) 김동욱, 상게서, p123

소박하고 검소한 절제의 미적 특성을 보이며 적극적으로 자연을 끌어들이고자 하는 공통점을 가지고 있었다. 거기에는 자연환경을 최우선하는 가치를 설정하여 건축을 구축하는 정신자세가 기본으로 깔려 있으며, 건축물 자체의 오브제적인 중요성보다는 자연과의 일체화가 더욱 중요한 가치였기 때문이었다. 퇴계의 도산서원도 초기에는 매우 단출한 구성이었다. 또 송순 역시 면앙정을 지으면서 세 칸의 최소한의 주거와 자연을 벗하는 외부 공간을 접합한 단순한 정자를 지어 '면앙정가'를 만들었다. 주변의 풍경을 최대한 끌어들여 자연과 일체화되고자 하는 의도가 자연과의 유기적인 일체를 이루는 경관과 끌어들임이 원활한 공간구조를 만들게 했던 것이다.

'정자는 단순히 시를 읊거나 술을 마시며 즐기는 장소가 아니라 선비들의 높은 이상과 투철한 학문 정신을 실현하는 곳이었다. 나아가 그 건물은 선비정신을 바탕으로 고도의 집약과 절제로 완성한 뛰어난 건축물이었다.'[59]라는 극찬의 의견도 있는 바와 같이 장수와 유식을 위한 건축은 궁극적으로 선비들이 고도의 인격 완성을 위해 수행해나가는 과정에서 '파트너'로서의 의미가 있었다. 이러한 형식의 정자는 중국에서도 발현되고 있지만, 근본적인 차이는 온돌이 깔려 있는 방과 외부로 열려있는 마루 대청이 함께 하이브리드 하게 접합된다는 점에 있다. 서원과 같이 정자 건축에서도 장수와 유식의 긴장과 이완의 공간이 조화를 이루며 접합되는 것이다. 소쇄원의 제월당과 광풍각 역시 제월당의 장수와 광풍각의 유식 공간으로 나눌 수 있다. 광풍각은 시냇가에 면하여 자연의 산수를 동시에 즐길 수 있는 자리에 배치되어 있다. 주변 원림의 계곡과 각종 수목과 화초를 한꺼번에 즐기며 휴식할 수 있기 때문이다. 송순의 면앙정과 같이 세 칸의 최소한의 소박하고 절제된 건축물이라도 그 자체는 온돌과 마루가 결합되면서 최대한 외부로 열리게끔 계획되어 사계절 변화에 대응할 수 있는 민감한 건축이 될 수 있도록 했다. 겨울을 위한 최소한의 실내공간과 낮은 천장, 작은 창문으로 추위에 대응할 수 있도록 했으며 여름에는 사방에서 불어오는 통풍이 최적화된 상태에서 외부로 열

59) 김동욱, 상게서, p123

린 공간을 추구했다. 또한 온돌과 마루가 결합되어 있으므로 세심한 레벨의 조정으로 실내공간의 변화를 이끌어냈다.

유교 사상은 대가족의 공동체 생활의 질서를 중시했고 사회적 위계질서가 엄격하여 양반과 평민, 그리고 천민의 구별과 그 역할을 명백하게 나누어 예의와 도덕에 대해서 논했다. 이러한 부분은 건축적으로 보면, 남녀노소, 사회적 신분과 계급 등에 따라 위계적으로 엄격하게 공간이 나누어져 있었고 그에 따른 엄격한 건축적, 영역적 구분과 질서가 존재했다. 그러나 그러한 질서 속에서도 한국 건축은 너무 딱딱하거나 융통성이 없는 계획은 거부했으며 유기적이면서 비대칭적 공간 특성을 보이면서 동시에 적절한 여유을 두었으며, 거주자의 진입 경로를 통해 연속적으로 변화하는 공간을 경험할 수 있도록 구축하였다. 다시 말해 다양한 경험을 누적시켜 통합적으로 인식하고 경험하게 하는 공간들을 배치하여 연속적인 시퀀스로 연계시키는 방식을 정교화 한 것이다. 방문자는 이러한 경험을 하나로 통합하여 인식하도록 유도된다. 특히 대칭과 비대칭과 관련하여 둘로 나뉘어 떨어지는 짝수보다 홀수의 비균제의 아름다움을 추구했다는 점이 한국 건축에서 각 장면들의 경험이 중시되는 특징이 드러나는 부분이다. 이러한 특성들은 2권 불교의 시퀀스에서 언급한 바와 같이 불교적인 건축적 특성들이 발전하여 주거 건축에도 융합된 것이었다.

한국 건축은 전체 환경과의 질서관계를 항상 중요시 한다. 중국의 사합원이 외부에 폐쇄적인 것과는 달리, 우리나라의 사찰이나 한옥은 모서리가 열려있어서 느슨한 열린 기하학(위요 공간)을 추구한다. 열린 모서리의 비대칭적인 공간들을 통해 대청과 각종 반 외부 공간 및 중정의 외부 공간 그리고 자연의 요소들이 경계를 넘나들게 된다. 또한 이러한 개방적인 방식을 통해 경치를 끌어들이고 사계절 내내 자연의 기운을 직접적으로 느낄 수 있도록 했다. 전체적인 질서에 순응하면서도 동시에 축과 지형의 흐름에 적절하게 대응하여 변화를 수용하는 능력이 탁월한 계획을 선보이고 있는 것이다. 따라서 시대에 따라, 기능에 따라, 또 지역에 따라 일률적인 비례, 크기, 평면 유형 등이 존재하지 않는다. 공통점은 있으나 한국 건축의 공간과 형태는 지역의 풍토와 외적 조건, 그리고 외세문화의 도입 등에 따라 여건에 맞추어 그 시대의 지역성에 가장 적합하게 공간구성을 적용하는 방식으로 유연하게 대응했다. 특히 주거의 경우, 소규모이기에 대칭을 사용할 수 있음에도 예외 없이 비대칭을 사용했고, 비대칭의 우위가 명확한 계획이 계속해서 등장했다. 이런 측면에서 각 지역과 조건에 따라 유연하고 때에 따라 변칙적인 방식이 적용되었다.

위계적 질서 가운데 다양성(융통성), 가변성을 추구하는 한국 건축은 엄정한 질서와 함께 '변칙적인 가변성' 이라는 어떻게 보면 함께 공존할 수 없을 것 같은 두 가지 가치를 공존하게 하며 공간이 구성되고 표현되었다. 상반된 두 가지 가치의 프로그램은 서로에게 흔적을 남기면서 자연과 감응하는 삶을 가능하게 만드는데, 이러한 구조가 한옥의 복합적 구성이라고 할 수 있다. 2권에서 살펴보았던 해체주의의 흔적과 관련된 내용을 생각했을 때 상반되는 가치가 공존할 수 있는 회색 공간의 잠재성은 한국 건축의 큰 장점이라고 할 수 있다. 그것은 상당부분 서양 사유와 물리적 특성이 만들어왔던 폐해를 극복할 수 있는 방안이 될 수 있을 것이다.

0324 유교적 질서(군집)속의 자연과 연계된 다양성의 공존

동북아 건축의 가장 큰 특징 중 하나인 군집(群集)의 장점은 다음과 같다. 각 요소가 유기적으로 연결되고 부분과 전체 사이의 조화와 보완을 이루면서 공동체의 장소를 제공한다는 점에서 집합적인 건축의 교훈을 얻을 수 있다. 집합은 구성 요소들이 군집되는 가운데 내재된 질서를 의미한다. 집합의 구성은 건물 혹은 부분 요소들의 관계를 드러낸다. 그 가운데 한국 건축은 일반적인 건물들이 주변 지형 및 외적 변수들과 만들어내는 적절한 긴장과 이완의 장면들이 연속되는 시퀀스를

9

만들어낸다는 점에서 뛰어난 건축적 가치를 만들어낸다. 안영배가 언급했듯이, 흐름의 공간과 더함의 공간이 통합되는 것이다. 또한 시간의 흐름에 따라 기존 건축물과 공간 조형을 변화시키고 그 장면에서 가장 적합하고 조화로운 장면을 만들어낸다는 점에서 중첩과 영조의 개념이 녹아 들어간다. 계속해서 자신의 영역을 개선하고 조화롭게 만들어 경영하며 조화로운 상태를 지속한다는 의미이다. 배치는 입지 자체에만 한정되는 것이 아니라 그 배치된 군집의 건축물들이 위치한 외적 풍경과 연계되어 확장되고 그 풍경을 끌어들이는 역할을 하게 된다. '병산서원의 집합적 형태는 안에서 바깥으로 나타난다. 즉 외부에서 내부로 진입하면서 나타나는 형태는 매우 단절적이며 독립적이지만 내부에서 외부로 향하는 형태는 연속적이며 중첩적이다.' 60) 라는 의견과 같이 외부로부터 내부영역을 오르는 시각과 각 지점에서 밖의 풍경을 바라보면서 느끼는 부분 부분의 시각과 풍경의 끌어들임, 시각적 프레임이 다르다는 의미이다. 옛 공간에서는 자연경관이 건축물의 프레임에 의해 중첩되며 공간이 한정되고 다시 원경의 풍경으로 자연으로 확장되는 것이다. 그 가운데 자연과 직접적으로 연계되고 자연의 기의 운행과 신체의 흐름이 긴밀하게 하나가 되는 삶을 살 수 있었다.

한국은 각자의 존재를 인정하면서 동시에 여럿이 함께 어울려 지내는 것을 자연스러운 것으로 보았다. 여러 채가 어울려 구성되는 한옥의 전경은 군집의 인상을 형성하는 방법으로 반가(班家)의 기품을 만들었다. 군집은 크고 작은 덩어리가 균형을 이루면서 어울리고 있다. 여러 채의 건축물(채)은 하나의 장(field) 안에서 각자의 자리를 잡고 외부와의 관계 및 프로그램, 장면의 형성과 조화를 이루게 된다. 이 가운데 건축적 구축방법론 역시 내외부의 관입과 자연의 흐름과 변화를

60) 김봉렬, 김봉렬의 한국건축 이야기3_이땅에 새겨진 정신, 돌베개, 2006, p27

직접적으로 느낄 수 있는 최대한의 공간구조를 만들어낸다. 그것은 마치 허파 혹은 나뭇잎이 산소를 최대한 받아들이고자 하는 프랙탈의 형태와 구조와 유사하다. 이를 위해 건축물은 복합성과 채의 조합과 조화를 기본으로 한다. 본채와 별채 등에서 부속건물과의 조화와 복합적 분화를 통해 어울림을 이룬다. 어울림은 한국인 특유의 사회적 형식미이자 조형 의식이다. 선조들은 공동체의 심리적 연대를 위해 공동의 시각적 풍경과 함께 같은 곳을 바라본다는 것을 중시했다. 그것은 내부로부터 외부로의 시각이며, 동시에 공동체의 심리적 연대를 의미했다. 한옥은 구성원들이 각 채에 모여있으면서 상대방의 기운을 느끼고 상대방의 존재를 인지하고 배려하면서 살아가는 공동체의 공간구조이다. 또 자연의 기운을 함께 느낄 수 있는 구조이다. 선조들은 자연과 상대방의 기운을 느끼며 하나로서 살아가는 연대의 공간구조를 만든 것이다.

–자연의 흐름에 맞추어 계획된 창덕궁

궁궐은 한 나라의 권력의 최고 정점에 있는 왕이 업무와 주거를 겸한 기능을 수행하는 건축 단지로서 한국 특유의 상징성과 함께 기의 흐름에 자연스럽게 조화를 이룰 수 있도록 계획되고 배치되었다. 권력의 최고 정점에 어울리게 가장 엄정하면서 화려하게 구축되는 건축마저도 자연의 흐름과 기의 흐름(자연지형)에 어울리도록 배치되었고, 엄격한 기하학적인 특성에서 벗어나고 있는 것이다. 이것은 유교적 질서와 위계를 중시하지만 다른 한편으로 자연의 흐름에 맞춘 세계 운행의 질서를 중시한 성리학의 도교적 가치에 공명하는 것으로 볼 수 있다.

경복궁의 엄격한 질서와는 달리 창덕궁의 경우, 여러 가지 측면에서 경복궁과는 대조적인 모습을 보인다. 사실, 경복궁이 예외적인 사례이지, 대부분의 역대 왕조의 궁궐들은 지형에 순응하여 비정형, 다중심의 특성들이 보이는 것이 일반적이었다. '창덕궁은 왕과 신하의 공식적인 업무를 처리하던 치조(治朝) 영역, 왕과 왕실 가족이 거주하던 침전(寢殿)영역, 왕의 휴식공간이자 심신을 수련하던 후원(後園) 영역으로 구분된다. 창덕궁이 배치된 지형은 굴곡이 많고 불규칙하여 경복궁과 같은 평탄한 곳이 거의 없는 곳이었는데 이러한 불규칙한 자연 지세를 적절히 이용해서 건물을 배치한 것이 창덕궁이 경복궁과 대조되는 가장 큰 이유가 되었다.' [61]궁성 전체의 배치는 불규칙한 비정형을 이루고 있는 부분이 많으며 축선도 대체로 상이하다. 심지어 왕이 나라 일을 보는 편전도 정전의 뒤가 아니고 동북 방향의 비스듬한 위치에 놓였다. 또한 침전은 편전의 근처에 배치되어 있다. 여기서 우리는 특히 한 나라의 대표적인 궁궐들이 배치 형태가 매우 상이하다는 점에 주목할 필요가 있다. '창덕궁의 이러한 독특한 진입방식은 실은 고려 시대 본 궐의 진입방식을 그대로 계승한 것이었다. 고려의 궁궐에서 정문은 동남 모서리에 있었고 정전으로 향하는 진입은 개울을 건너 두 차례 이상 직각 방향을 틀어서 비로소 도달할 수 있었다. 그런데 고려 궁궐과 좌우 방향을 180도 바꾸어 놓으면 바로 창덕궁의 진입이 되는 것이다."[62]라고 언급했듯이 경복궁과 창덕궁의 배치 형태는 매우 상이하다. 특히 진입방식은 직선 축을 지양하고 몇 차례 꺾이면서 지형 조건에 순응하며 들어서게 되는데, 외전의 동편으로 내전을 두고 있다. 이러한 한국 궁궐 건축의 특성을 상기했을 때, 오히려 경복궁의 정형적인 배치가 특이한 사례이다. 다른 건축물에 비해 넓은 공간이 필요한 궁궐의 경우, 산지 지형이 많은 우리나라의 특성상, 넓은 평지가 필요한 전체 공간을 완벽한 격자식의 계획적인 궁궐을 구축하기 힘들었을 것이다.

우리나라는 오래전부터 산지 지형과 내부에서 외부를 바라보는 방향의 경관을 중시하였기 때문에, 한국 건축의 배치는 다른 나라에 비해서 비정형의 배치와 다양한 축선의 배치를 보이고 있다. 개국하여 유교 국가의 강력한 질서를 수립시키는 시기에 건립된 경복궁의 사례는 다른 궁궐 건축과 비교했을 때 지나칠 정도로 엄격한 구성을 보이는 특이한 사례이다. 이것은 개국 초기에 이상적인 유교 국가의 통치공간을 상징적으로 보여주기 위해 일반적인 배치 방식을 벗어난 것이었다. 우리나라의 사례에서는 오히려 창덕궁과 같이 지형의 흐름의 배치가 더욱 일

61) 김동욱, 한국건축의 역사, 기문당, 2007, p196
62) 김동욱, 한국건축의 역사, 기문당, 2007, p197

반적인 방식이었다고 볼 수 있다. 실제로 왕과 왕비 및 왕자들은 자신의 생활공간을 오히려 인간적인 스케일의 양반 가옥과 유사한 공간을 따로 두어 생활하기도 했다.

'후원의 건물들은 모두 왕실의 건축물이라고 하기에는 상상 이상으로 작게 건축되었다. 그 이유는 자연과의 소통과 어울림을 고려했기 때문이다. 조용하고 온화한 분위기의 창덕궁에서 우리는 백제 이래 전해 내려온 검이불루 화이불치(儉而不陋 華而不侈) 즉, 검소하지만 누추하지 않은 전통의 미감과 자연 회귀의 건축사상을 엿볼 수 있다.' [63]라는 의견과 같이 창덕궁은 다른 궁궐의 건축물보다 인간적인 스케일로 지어졌다. 특히 창경궁마저도 그다지 크지 않은데, 작은 규모의 건물인 반면, 시각적으로 좀 더 크게 보이면서 엄정한 느낌이 날 수 있도록 계획했다. 궁궐의 규모도 위엄이 있으면서도 화려해서는 안 된다는 원칙으로 조성했기 때문이다.

10

창덕궁을 조성할 때 공사감독관을 지낸 무관 박자청은 왕의 뜻을 받들어 기본적인 궁궐의 조형을 책임지고 건설했는데, 김동욱은 "이궁이라는 점과 공사를 주관한 사람이 유학자가 아닌 내관 출신의 무관이 주도했던 점에서 찾아볼 수 있다. 아마도 창덕궁처럼 자연지세에 맞추어 건물을 배치하는 수법은 고려왕조의 본 궐은 물론 여러 별궁에서 오랫동안 행해 온 방식이었다고 짐작된다."라고 언급하고 있다.[64] 이처럼 우리나라의 건축은 질서와 권위의 상징이 되어야할 궁전 건축에서조차 주변의 상황(외적 변수)을 탄력적으로 받아들여 조화를 이루는 방식으로 건축해 왔다. 이같이 한국건축은 외적 변수에 유연하게 대응하고 형식에

10 창덕궁 비원의 원림조성과 자연스러운 지형적용

63) 삼성문화재단, 땅의 깨달음 한국건축, Leeum, 2015, p46
64) 김동욱, 한국건축의 역사, 기문당, 2013, p197

한정되지 않는 자연적인 건축물을 추구했다는 점이 중요하다. 따라서 현대 건축에서도 한국 건축은 기본유형에서 적절하게 변형되고 유연하게 외적 변수를 받아들이며 자연에 순응하는 건축을 실현하는 것을 고민하는 것이 중요하다고 할 것이다. 이러한 방향성은 백성들에게 질서와 위엄을 상징적으로 보여주어야 할 왕의 거처와 업무공간에 이르기까지 엄격한 기하학적 배치보다는 전체적인 질서 하에 그 질서를 크게 벗어나지 않는 한에서 구축되도록 만드는 사례들에서 확인할 수 있다. 이것은 기의 변화와 올라탐을 통해 리를 실현하고자 하는 방법이 조화를 이루는 사유의 특성과 물리적 특성이 이어져 내려온 우리나라의 조화와 통합의 특성으로 바라볼 필요가 있다고 생각된다.

이처럼 한국에서는 한 나라의 가장 엄정한 권력의 최정점을 상징하는 궁궐 건축의 내전뿐만 아니라 집무 영역조차도 엄격한 기하학을 벗어나 구릉에 조화를 이루는 배치를 했다. 그러면서도 엄정함을 잃지 않고 지형과 이동 동선과 장면의 세밀한 조정을 통해 기품을 잃지 않는 건축 계획을 선보인 것이다. 이른바 기의 흐름에 조화를 이루면서도 궁궐 건축에 필요한 상징성과 기능이 충족될 수 있는 계획을 동시에 수준 높게 성취했다는 점에서 조선 시대 궁궐 건축은 성리학의 조화와 통합의 특성을 확인해 볼 수 있다.

동시대 건축에서 유교적 특성의 적용 가능성

0325 유교 건축의 유산과 비판적 지역주의 건축

자연합일 혹은 천일합일의 가치를 중시한 동양의 사유와 생활방식은 건축에도 영향을 미치게 되었다. 이러한 지향성은 현대 건축의 지역주의적 가치와 공통적인 영역을 공유한다. 서양인은 이데아의 관념적 세계가 존재한다고 하는 형이상학적 세계관과 함께 주위의 물질을 객관적으로 탐구하는 사유의 특성을 보여 왔다. 서양의 이데아의 세계관은 외재적이고 초월적인 형이상학적 세계관으로 종교에 영향을, 물질과학(physis)은 근대 서구 문명의 물질과학의 눈부신 발전을 가져왔다. 서양인들은 중세시기에 신의 입장에서 피조물인 세상과 사람(대상)을 창조했다고 생각하는 외재적인 사유로 인해, 신의 피조물이라는 수동적인 입장에서 생각하고 생활해왔다. 르네상스 이후, 근대에 들어서서 신의 위치에 인간을 가져다 놓고 자연과 대상을 객관적으로 신의 입장인 외재적 위치에서 사유하고자 하는 방식이 발전했다. 이러한 체계는 주체를 중심으로 하여 사물과 세계를 대상화시킨 사유로 객관적인 자연과학과 물리적 과학의 발전에 유리했다. 산업혁명과 과학기술의 발전으로 대표되는 모더니티와 모더니즘의 발전은 그 결과물이며 인류의 매우 큰 진보와 발전을 이끌었다. 또한 자본의 발전을 통해 권력구조도 시민혁명을 통해 큰 변화를 이끌어냈다. 그러나 이러한 사고방식은 제국주의와 1, 2차 세계대전이라는 이성의 폐해로 만들어지는 사건들을 발생시켰다. 대상화의 폐해와 함께 자본적으로는 '일상 세계의 식민화' 현상을 보여왔다. 건축적으로는 구조 및 재료의 발전과 설비의 발전으로 인해 모더니즘과 국제주의 건축 5원칙의 건축, 수직 고층의 사무소 건축, 수평적 확대의 거대 건축이 세계 어느 곳에도 이식할 수 있는 모더니즘 건축이 눈부시게 발전되었다.

그러나 마치 신이 진공과 같이 고요한 공간에서 판단하는 것과 유사하게, 창조자의 눈앞의 대상을 판단하고 창조하는 듯한 모더니즘 건축은 실제 세계와 외적 변수의 변화와 적용에 있어서 취약할 수밖에 없었다. 이러한 조건에서 만들어지는 건축은 마치 머릿속에서 만들어지는 관념의 건축이 튀어나온 듯한 건축이 되기 쉬울 것이다. 알바 알토는 모더니즘의 건축어휘와 공간 구축방법론을 받아들이면서도 동시에 지역성을 가미하여 융합시킨 지역주의 모더니즘을 선보였다. 지역주의 건축의 경향은 '의식의 지향성' 과 경험 이후 인식의 종합을 중시하는 현상학적 가치와 매우 밀접한 관계를 지니고 있다. 주체의 일차적이고 독단적인 판단을 중지(판단중지)하고 외적 변수를 충분히 경험한 이후, 종합하여 판단을 내리라는 태도는 지역의 풍토와 각종 외적 변수를 충분히 고려하는 현상학적 특성을 반영한 지역주의 건축이 지향하는 것이다. 지역주의 건축은 선조의 지혜가 담긴 경관과 공간의 유형을 존중하고 풍토로부터 기인한 재료와 구조의 방법론을 사용하여 장소로서의 존재 의미를 획득할 수 있고 '거주' 의 의미가 될 수 있는 건축을 추구한다. 여기에서 중요한 것은 지역주의 건축이 손쉽게 기존 유형에 포섭된다면 진정한 의미의 새로운 건축은 존재하지 않을 것이라는 점이다. 그러한 방식은 기존 구조를 답습하여 카피하는 것에 불과하기 때문이다. 정직하게 본연의 재료를 드러내고 선조들이 감각을 중시하고 기후를 존중하여 그 지역의 자연의 기후와 지형과 물의 흐름에 맞추어 주거와 생활이 하나가 되고자 하는 태도는 옛 선조들의 건축에서 중시되는 가치였다. 또 재료와 구조를 그 지역에 적합한 방식으로 존중하여 구축하는 태도는 모더니즘의 대상화된 폭력적 태도와는 다른 것이며, 콘텍스트에 대한 존중의 방식으로 볼 수 있다. 방을 사용할 특정한 사람의 성향과 원하는 바에 따라 쓰임새를 결정하는 계획을 제시하고자 하는 태도, 그리고 '존재' 가 될 수 있는 방의 조합으로 만들어지는 '방의 복합체' 로 사회를 구성하는 태도에 의해 만들어지는 건축물과 도시구조는 국제주의 건축의 태도와는 다른 방향에 있는 것이다. 지역주의 건축의 태도는 마치 '모더니즘 건축이 사용자를 대상화시키고 보편적인 사람을 설정하며 기능적으로 조닝하여 들어가서 살아라'

하고 일방적으로 제시하는 태도와는 다른 것이다.

이와 함께 '비판적 지역주의'는 모더니즘 건축과 지역주의 건축을 창조적으로 재해석하고 융합시켜 재창조하자는 운동이었다. 따라서 비판적 지역주의는 변증법적 방식으로 재창조를 이루어낼 수 있는 방안을 설정한다. 지역주의 건축이 국제주의 양식에 반하는 방식으로 나타난 것으로 본다면 비판적 지역주의는 모더니즘의 초기 의도와의 연계성을 강조하면서 동시에 비판적인 입장을 취한다. 기존 콘텍스트에 '낯설게 하기'의 방법론은 전통적 경관과는 거리를 두면서 조화를 이루는 방안을 고민하게 만든다. 다시 말해, 대지에 순응하고 유형에 일정 부분 조화를 이루면서도 동시에 적극적으로 긴장감을 유지하거나 대립할 수 있는 요소들을 의도적으로 삽입하여 주위 콘텍스트에서 유사하면서도 특이한 '존재'가 되도록 하는 것이다. 사실 모든 예술 분야는 과거 작업의 연속성과 새로운 작업 사이에 적절한 긴장감을 만들면서 새롭게 등장하고 발전해나간다. 건축 분야에서 비판적 지역주의는 이러한 태도를 중시한다. 한국에서는 1990년대에 활발히 활동했던 4.3그룹이 사상적으로 비판적 지역주의에 천착하고 있었는데, 이들의 주안점은 기존 콘텍스트를 존중하면서 동시에 동시대성을 반영하여 자신의 목소리를 내며 기존 콘텍스트와 공존하되, 관습적인 기존 건축의 동일성으로 함몰되는 것에 저항하며 동시대성을 드러낸다는 점에서 긍정적으로 평가되었다. 이렇게 '낯설게 하기'는 기존 콘텍스트와의 관계를 인정하면서 동시에 저항해야 하는 두 가지 상반된 역설을 만족시킨다는 점에서 양측을 잘 알아야 하며 양측을 융합할 수 있는 창조적 능력이 필요하다. 그러나 우리나라의 4.3그룹의 경우, 그동안 스타일에 있어서는 미니멀리즘과 유사한 조형과 형태 및 실내 분위기에서 기존 건축경향과 차별성을 가질 수 있으나 동시대적인 과학과 기술의 변화와 문화의 적용이라는 측면에서는 그다지 세계의 조류에 있어서 큰 변화와 차별성을 보이지 못했다는 한계도 존재한다.

안빈낙도의 삶, 가난하더라도 정신적인 풍요로움을 중시하는 청빈한 지조의 삶을 중시하는 조선 시대의 선비문화는 근대에 들어서 기독교 계열의 수도승 문화, 절약, 검약, 빈자(貧者) 등의 개념과 연계되기도 한다. 시대에 따라 불교 승려의 검약한 수도자의 삶에서 사대부 선비의 청빈한 삶, 기독교 계열의 수도승 및 성직자의 삶과 같이 삶을 관조하며 치열한 마음의 수양을 통해 하늘(신)의 뜻을 알아가고자 하는 방식은 비판적 지역주의 건축의 방향성 및 스타일과 일정부분 합치되는 부분이 있다. 비판적 지역주의는 '낯설게 하기' 의 수법을 통해 장식을 최소화하여 검약한 느낌의 공간과 표현을 성취하면서 그 지역의 느낌이 되살아날 수 있는 방향성을 추구한다. 오늘날 근세 이전의 유교문화는 오늘날 한국에서 비판적 지역주의라는 또 다른 이름의 버전으로 등장하게 되었던 것이다.

0326 마음 수양의 도덕학과 건축구축론

유교는 도덕을 적극적으로 지키며 운용함으로써 갈등이 극복될 수 있다고 생각한다. 자신의 마음 수양으로 인해 세계의 이치를 깨닫게 되고 올바르게 수행하여 훌륭한 인격이 완성되면 입신양명하여 통치의 자리로 진출하여 나라를 다스리는 바른 통치자가 되는 것을 이상적인 정치체계로 보았다. 깨달음과 수행이 완벽하게 실현된 인격의 완성을 이룬 개인이 지도자가 되면 완성된 인격이 수행하는 통치가 세계(나라)로 확장되어 이상적인 통치의 방식으로 승화될 수 있다고 보는 것이다. 이상적인 인격은 세계의 운행과 법도 그 자체로 보았다. 그래서 선비의 집은 이러한 인격의 완성을 위해 중요한 부분이었으므로, 금욕적이고 절제를 중시하는 분위기가 지배했다. '조선 시대에는 유교 건축과 사대부 반가의 엄정한 분위기의 배경에는 절제와 금욕을 미덕으로 여기는 선비정신이 바탕에 깔려 있다. 또 국가적 차원에서 양반들의 상류 주택을 제한(99칸 이하)한 것과 단청 등을 제한하여 유교의 절제 정신을 강조한 것, 그리고 집안의 화목(예의범절, 정 중시)을 중요시하였다.' 65)라고 언급한 것과 같이 조선 시대에는 청빈한 선비의 인격적 삶을 강조했다. 마음 수양은 올바른 기의 흐름이 시너지를 이룰 수 있도록 인격적인 일상

65) 임석재, 한국전통건축과 동양사상, 북하우스, 2005, p172

생활을 영위할 때 가능하다고 보았고, 그런 측면에서 기의 흐름에 순응하는 건축이 중요하다.

'형(形)이 움직여 정을 흐르게 하고 정이 흘러 기를 통하게 하는 상태가 통(通)이다. 형(形)이란 한옥에서 순환공간을 만들어내는 물리적 골격에 대응된다. 정이란 여기에서 얻어지는 공간의 감성적 상태에 대응된다. 기란 사람들이 공간에 들어와 살면서 만들어내는 집안의 분위기에 대응된다. 여씨춘추 역시 공간이 잘 통할 수 있게 짜인 물리적 골격 속에서 그런 공간을 즐기면서 가족 간에 건강한 가풍이 유지되는 상태를 이상적인 집으로 본 것이다. 집안 구성원들의 개별 공간들이 서로에게 닫혀 있는 물리적 골격에서는 구성원들 사이의 정과 기 또한 따라 막힐 수밖에 없을 것이다. 통이란 자연 생명에 내재된 합규율성이다. 서로가 서로에게 방해되지 않고 하나의 원활한 총체적 흐름을 유지하며 이 흐름 속에서 개체가 이를 취하는 상태이다.'[66]라는 언급과 같이, 건강한 가풍의 형성조차도 자연의 순리와 기의 원활한 순환과 연계시키는 것을 알 수 있다.

성리학이 말하는 윤리적 도덕성은 마음의 수양으로부터 시작된다. 세계의 흐름과 운행은 순리에 따라 지극히 성실하게 수행된다. 동양에서는 사람 역시 자연의 일부로서 이러한 법칙에 따라야 한다는 것이 기본적인 생각이었다. 이에 인도에서는 우주의 브라흐만과 자신의 참 자아인 아트만이 합일되고자 했던 것과 동북아에서 노장사상의 도의 개념과 같이 천인합일 사상을 중시하고 자연과 합일시키고자 하는 방식과 유사하다. 마음 수양을 통해서 자신의 참 자아 혹은 사물의 본 이치를 잘 알게 되면 그것을 전체 세계에 적용하여 세계의 운행을 깨닫게 되며 그 운행의 법칙과 순리에 따라 자신을 잘 다스리고 자연의 엄정한 법칙에 맞게 합치하고, 그것을 전체 세계로 확장시켜 세계를 법칙에 따라 다스려야만 한다. 동북아에서 선비는 한 번 깨닫고 알게 되면 지극히 성실한 자연의 운행과 마찬가지로 반드시 알고 있는 대로 행해야 한다. 신독(愼獨)의 정신을 중시하는 선비정신은 누

66) 임석재, 한국전통건축과 동양사상, 북하우스 2005, p61

가 보고 있지 않더라도 자기 자신을 스스로 엄격하게 살피며 조심스럽고 성실하고 올바르게 행해야 하는 것이다. 그것은 매우 철저해야 한다. 자연의 운행이 그러하기 때문이다. 그래서 동북아에서 선비의 깨달음과 행함은 피할 수 없는 인과 관계를 가지며 지행합일을 철칙으로 한다는 점에서 그 어떤 문화보다 엄정하다. 자연과 합일되어야 하고 자연의 운행과 기의 흐름에 거스르면 안 된다. 그것이 성리학이 요구하는 선비의 자세이자 도덕 및 윤리관이다. 자연에 거스르지 않고 자연적이어야 하며 동시에 자연의 운행에 맞추어 기를 통하게 하고 흐르게 하여야 하는 것, 그러한 천지 운행의 기운(氣)을 느끼며 마음을 수양하고 수행하는 공간을 추구한다. 즉, 자신의 생활공간에서도 그 수양을 원활하게 하고 돕기 위해 자연과 일체가 되는 공간을 추구하는 것이다. 이를 위한 건축물은 선비의 수행에 있어서 일종의 파트너이자 외부에 선비의 의지를 드러내는 중요한 '존재 의미' 를 지니게 된다.

한국 건축은 기가 잘 흐르고 느낄 수 있게 하며 감각의 통합을 통해 자연과 일체화될 수 있는 공간구조를 추구했다. 그러면서도 생활에 필요한 기능이 무리 없이 충족될 수 있고 다양한 기능이 필요에 따라 유연하게 기능할 수 있도록 세심하게 계획된 공간구조로 구축된다. 오늘날 에너지를 절약하는 동시에 자연의 기(공기)의 흐름이 원활하게 통하도록 하는 지속 가능한 에코 건축의 시스템이 적용되는 것 역시 건축의 도덕성 혹은 윤리성과 접목되는 부분이라고 할 수 있다. 그러나 그러한 가치는 한국 건축에서는 단순히 '에너지 절약' 이라는 목적을 위해서라기보다는 기의 흐름을 원활하게 하면 자연스럽게 따라오는 건축의 열 환경적 가치라고 할 수 있다. 그러나 무엇보다도 중요한 것은 한국의 건축은 자연의 변화와 운행을 원활하게 느낄 수 있으며 자연의 흐름과 신체 및 정신을 하나의 흐름으로 만든다는 것에 본질적인 목적이 있다. 여기에서 중요한 것은 건축물을 단순히 에너지 절약의 측면만으로 바라볼 것이 아니라 자연의 흐름을 감지하면서 하나가 되는 삶을 추구하고 동시에 에너지의 절약도 함께 실현 가능한 방안을 찾아야 한다는 점이다. 그것은 단순 목적 혹은 문제해결의 관점이 아니라 자연과의 일체화의 태도와 일상의 실천의 관점에서 접근해야 한다는 점이 중요하다. 자연과 하나가 되고자 하는 사상을 적용하는 동북아 건축계획에서 한, 중, 일 건축의 개념 적용이 큰 차이를 보이는데, 특히 한국 건축은 자연으로 자연스럽게 들어가는 건축을 추구했다. 한국 주택에서는 비대칭(온돌로 인해)의 구조와 중심과 위계의 의도적 파괴를 추구했고 공간의 켜로 깊이를 만드는 공간구조를 창조했다. 이 과정에서 한옥의 구조는 시각의 축보다는 마음의 축을 중시하는 경향을 보인다. 이러한 경향에 영향을 받아 성리학에서는 불교의 심학의 계열에서 보여지는 것과 같이 마음을 중시하는 특성이 적용되어 발전하게 되었다. 그것은 유교적 질서를 중심으로 하여 다양성을 포용하는 개념이 적용된 것이라고 할 수 있다.

조선 시대 유교 사상과 문화는 사대부 관료문화의 병폐가 있었지만, 혈족의 조화를 위해 통제 및 소통하려는 유교적 경향이 존재하는 것도 사실이다. 건축에 있어서 자연성의 강조는 한, 중, 일 삼국이 공통적으로 살펴볼 수 있지만, 한국의 자연과의 조화의 사상은 철저하게 인간과 자연과의 관계를 중심으로 하나가 됨을 추구했다. 이때 사대부들은 선비로서 검약과 청백리적인 삶을 추구했다. 그것은 일정부분 불교의 선종과 다도(茶道) 등, 번잡함을 피하는 불교 중심의 승려의 금욕적 삶과 수행의 삶의 태도가 성리학 중심의 선비의 삶과 태도에 강하게 영향을 준 측면도 있다. 검약과 절제는 선비에게 있어서 도덕적 잣대가 되었다. 건축에 있어서도 오늘날의 기준으로 보았을 때 필요한 것만 최소한도로 채우고 표현하고 있는 미니멀리즘 미학과 기능 및 형태가 통합되고 전체 크기가 축소된 집을 구축하는 것 역시 전통적인 선비정신이 동시대적으로 표현된 것으로 볼 수 있다. 사대부들은 자신의 주거의 조형 요소에 있어서도 그런 관점에서 장식적 요소를 최소화하여 계획했다. 같은 관점에서 공간의 외부 경계를 이루는 담장이 너무 높지 않고 서로가 들여다보일 수 있는 부분이나 가구 역시 소박미와 절제의 미학을 추구했다. 전체적인 조형과 분위기는 고요하지만, 기운이 생동하는 공간을 추구하면서 선비로서 격물치지와 수행이 원활하게 이루어질 수 있는 방안을 추구한 것이다.

그래서 "몸으로 보지 말고 마음으로 보라"는 것은 결코 신비한 명제가 아닐 것이다. "마음으로 보지 말고 이치로 보라"는 명제는 정신 속에 들어온 세계에 '나' 라는 존재의 마음을 투영하지 말고 본연의 마음(애초에 그 리와 하나인 마음, 즉 性)으로 그 세계의 내용을 보라는 것이다.[67] 이처럼 정신세계에 들어온 리와 하나가 되는 '마음' 이 중요하다. 한국인은 세계를 파악하고 그것을 중심으로 마음의 수양을 통해 세계와 일치시키고 이를 바탕으로 세계의 질서에 적용하여 다스리는 방식을 정교화했다. 통찰력을 바탕으로 사물의 본질을, 공간의 본질을, 물성의 본질을 근본적으로 탐구해왔기 때문이다. 이를 건축에서도 추구했음은 당연하다.

주희는 성을 본연지성(本然之性)과 기질지성(氣質之性)으로 나누었고 다시 성(性)과 정(情)의 문제로서의 맹자의 사단(四端 : 惻隱之心 · 羞惡之心 · 辭讓之心 · 是非之心)과 칠정(七情: 喜 · 怒 · 哀 · 懼 · 愛 · 惡 · 欲)으로부터 강한 영향을 받아 개념을 발전시켰다. 사단은 본연지성으로서 리인 체로 보았고, 칠정은 기질지성으로서 기(氣)인 용(用)으로 보았다. 『중용』의 중화장(中和章)에서도 희로애락이 발하지 않은 상태를 성(性)으로서 체라 보고, 발하여 절도에 맞게 하는 것이 화인데 이것은 정(情)의 발로인 용(用)이라고 보았다. 천리자연(天理自然)의 마음인 도심은 인간의 총체가 되고, 인욕과 물욕이 혼탁한 인심은 용이 된다고 보아 인심 및 도심을 체용으로 설명하고 있다. 리기론은 마음이 발동하기 전의 상황과 발동한 상황을 나누어 생각한다. 성리학에서는 체용의 양면이 본체로서 성품과 작용이 어떻게 이루어지는가의 입장의 차이에 따라서 정치적 입장의 차이로 나타나 논쟁이 발생하게 되었다.

—이언적 건축의 드러냄과 숨김의 이중성과 조화

회재 이언적의 독락당(獨樂堂)은 관직에서 낙향하여 도교의 영향을 받고 주자의 은

67) 이정우, 세계 철학사2, 길, 2018, p709

거(隱居)의 특성을 본받아 자연과 하나가 되면서 학문을 추구한 선비의 이상적 사상이 잘 드러난 특성의 건축이다. 독락당은 유불도의 특성이 종합되어 빚어졌다.

11

그는 신선과 같은 마음으로 은거하면서 유유자적했다. 그는 주변 산세를 바라보면서 거닐고 하면서 봉우리와 물줄기에 이름을 붙이고 자신만의 환경을 구성하고 기능을 부여하며 주변의 자연환경을 도학적 상징으로서 특별한 존재가 되도록 했다. 또한 은거하는 중에도 실개천 너머에 위치한 정혜사 암자의 승려와 계속해서 교류하면서 불교사상에 심취하기도 했다. 그는 자신의 집과 연계하여 승려가 머물 수 있는 양진암을 짓고 자유롭게 왕래하면서 교류를 지속할 정도로 친밀했다. 이언적의 사상의 자유로움과 폭이 넓은 관점이 생성되는 이유를 알 수 있는 대목이다. 유, 불, 도가 통합된 학문인 주자학과 그에 영향을 받은 조선의 성리학은 불교의 세련된 인식론과는 뗄래야 뗄 수 없는 학문적 관계였기 때문에 그의 학문이 심화되는데 중요

12

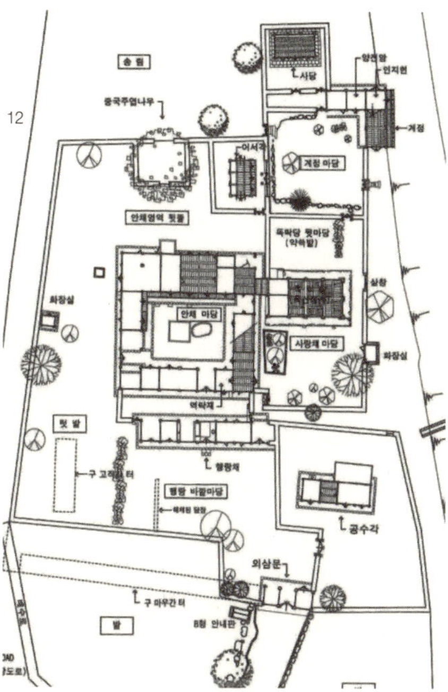

11 이언적의 독락당 전경
12 이언적의 독락당 배치 및 평면도

한 역할을 한 것으로 판단된다. 그러나 양진암과 붙어있으면서도 공간적으로 별채의 형식으로 구축한 것은 성리학적 질서와 구분을 엄격하게 시행한다는 의미도 함께 내포하고 있다. 사대부로서 세간의 평판도 생각했을 것이다. 이러한 이중성은 불교의 화쟁사상과 같이 양가적인 것이 함께 공존하며 상호보완하는 관계를 보이는 것과 유사한 그의 주거의 양면적인 성격의 요소들의 배치에서 확인할 수 있다.

한국 건축의 유형은 거의 동일하다고 할 수 있으나, 각 반가의 특성은 가문들 사이의 도덕적, 수양적 경쟁의식으로 나타났다. 각 가문의 주택들은 각각 미묘한 차이를 보이며 각 가문의 아이덴티티를 드러내었고 그것은 건축적 특성으로 드러나게 되었다. 성리학의 질서 하에서 선비는 예와 질서의 위계와 함께 마음의 축과 기의 순환이 조화를 이루게 함으로써 마음의 수양의 터전을 만드는 것이 중요한 것이었으며, 그것을 함께 수행하는데 자연의 흐름과 순환을 직접적으로 느끼는 것이 필요했다. 이를 위해 마음 수양을 위한 몸의 감각을 일깨우는 통감각적인 집의 구성이 필요했다.

서양의 건축이 수직적이고 텍스트와 같은 짜임의 구축이라고 한다면, 동양의 건축은 위계가 수평축에서 방사상으로 펼쳐지는 사찰 혹은 궁궐의 동심원적인 건축을 연상케 한다. 서구 스콜라철학의 위계적 존재론이 수직적 공간과 연계되고 성리학의 위계는 수평적인 측면으로 구성되는 측면과 연계된다고 할 수 있다. 동양은 마음 수양을 자연의 도(道)에 합치할 수 있도록 하는 것을 그 본연의 목적으로 하고 있으며 자연의 법칙에 맞도록 천인합일의 경지에 이르면 그것이 자연스러운 도덕적 인간으로 완성된 것이며, 이 상태에서 나라를 다스리면 도덕적 이상국가가 될 수 있다고 보았다. 따라서 일반 생활에서 자연의 흐름을 이해하고 자연의 흐름과 법칙을 관조하며 도덕적 자신을 수양하는 개인공간이 매우 중요한 요소였다. 주택 공간은 이러한 관점에서 주인의 인격을 수양하기 위해 함께 동행해야 할 '존재'가 되어야 했고 외부에도 집주인의 그러한 성리학적 의지와 노력을 기품있게 드러내야 할 '존재' 였다. 따라서 자신의 마음수양의 정도가 기품있고 자연스럽게 드러나는 주택은 그 주인 혹은 그 가문의 상징 자체로 받아들여졌다. 누마루와 대청 처마 아래 위치한 쪽마루의 연결을 통한 외기 및 자연과 용이하게 연계되는 방식은 자연의 순환을 직접적으로 느끼며 변화를 감지하게 만드는 '감응의 장치' 이다. 이러한 공간의 연계와 흐름에서 자연에 감응하며 자연이 침투하는 '회색 공간' 이 만들어지며 자연의 '응시(gaze)' 를 가능하게 만들고 있다. 이러한 방식의 계획은 유교의 질서와 융통성을 상징한다. 이러한 응시는 유, 불, 도가 융합되어 있는 성리학에서 불교의 마음 수양을 강조하는 부분으로 해석할 수 있다. 관조와 응시는 동시대의 욕망이론에서도 중요한 부분이다. 관조와 응시 가운데 무의식의 욕망이 발현되며 현실에 드러난다. 이때 세속적 욕망을 적절하게 제어하고 동시에 도덕적인 자아를 만들어내는 것은 동북아 불교의 돈오와 점수의 수행에서 영향을 받은 것이고, 또한 안빈낙도의 이상적인 인격을 완성하기 위해 수행하는 선비의 신독(愼獨)의 수행과도 연계된다. 자연의 법칙과 엄정한 운행의 흐름에 따라 자연에 맞추어 사는 삶은 윤리적 삶의 엄정한 실천과 연계된다. 그 삶을 함께 도와주며 살아가는 주거 건축은 그 자체로 그 정신과 수행과 인격적 향상을 상징하게 되는 것이다.

이제 3권을 정리해야 할 시점이다. 제자백가로 상징되는 고대 유교를 중심으로 불교의 인식론과 도교의 동양적 세계관을 재해석하고 통합하며 발전했던 주자학은 동북아 사유의 저류지 역할을 했다. '마음의 도덕 정치철학과 결합한 한국 건축의 복합성' 이 주요한 주제가 되는 조선시대의 한국 건축의 유전자는 다음의 내용들로 정리할 수 있다. 고대 유교의 정치윤리, 도덕을 중시하던 전통은 마음의 도덕 정치학에서의 윤리성과 공통분모를 가지고 있었으며, 노장사상의 동북아 세계관은 자연스러운 도의 흐름을 중시하여 유교적 관점과 대립되며 양면적인 방식으로 공존하고 있다. 그러나 거기에는 내재성의 자연법칙과 마음의 일체화 및 수행에 있어서 공통분모가 있으며, 불교의 공의 마음을 중심으로 하는 범아일여의 세계관을 가진다는 점에서 공유지점을 가지고 있다. 성리학은 이러한 유, 불, 도의 공통부분을 중심으로 하여 유교를 중심으로 해석하고 전체를 융합했다. 이렇게 성리학은 동북아 세계관을 중심으로 하여 개인의 윤리적 자기 수행을 전체 세계로 확장하는 거대한 형이상학적 체계를 만들었다. 이러한 사상적 흐름에서 건축적으로는 질서의 체계를 중심으로 하며 다양성과 유연성을 포용하는 동북아 내재성의 순환 및 회색 공간의 건축, 자연과 일체화되는 건축과 함께 부분의 요소가 전체로 확장되고, 일부 유연한 특성을 포용함으로써 윤리적인 인격의 건축적 양상에 영향을 끼쳤다.

중국 송대의 주자학이 생성되고 전파되어 조선에서 더욱 깊이를 더한 성리학은 600년간 유교 중심의 통치체계를 이어오며 도덕적 이상 국가로서의 통치 이데올로기로서, 그리고 일상의 예절로서 강력하게 작용했다. 이러한 영향은 세계화된 오늘날까지도 상당 부분 작용하고 있다. 장점과 단점에도 불구하고 성리학의 영향은 일반인들의 사상과 삶 속에 계속해서 이어져 내려오고 있으며, 건축 분야 역시 서원과 궁궐, 주거 건축뿐만 아니라 동시대의 건축에 있어서도 유교문화의 특성이 작용하고 있다. 특히 성리학은 자신의 마음 수양을 통해 일상의 도덕적 삶을 실천하고 더 나아가 도덕적 이상 국가를 만들고자 한다. 한 인간이 완전한 인격체라면, 세계 전체와 전체 개체들의 인격 역시 동일한 방식으로 통치하며 이끌어 나갈 수 있다고 생각한 것이다. 조선의 사대부 선비들에게 있어서 집은 그렇게 마음의 수양을 돕는 파트너로서 중요한 존재이고 그에 맞는 기능과 상징을 수행해야 하는 것이었다. 도덕적 이상 국가를 이끌어갈 인재가 수양하며 성장해야 할 공간이기 때문이다. 따라서 선조들은 '체용상' 개념에 걸맞는 방식으로 자연과 연계되어 조화를 이루고 이상적인 '참 인간'을 닮은 건축을 구현하는 것이 바로 '윤리성의 드러남'이 되는 것으로 생각했다. 그러면서도 우리 민족은 공간에 있어서 채 분화를 이루면서 상황에 맞게 적절하게 변형하고 변화시켜 복합적인 구성을 만드는데 뛰어난 능력을 보여왔다. 그러한 복합성은 온돌방과 대청이라는 상반된 건축 요소들을 동시에 수용하면서 자연을 느낄 수 있도록 오감을 자극하고 적극적으로 자연을 끌어들이는 가운데 발전했다. 또한, 선조들은 한옥을 구축하는데에 있어서 자연과 닮고, 내외부를 관통하며 자연을 관조하는 방식을 정교하게 발전시켰다. 엄정함 가운데 이와 상반되는 화려함과 유연함의 개념이 동시에 존재하는 것은 리와 기의 조화로 볼 수 있고 더 나아가 불교의 연기의 개념까지 확장시켜 연계시킬 수 있다. 달리 이야기하면 도교와 불교 중심의 개념이 주거에 접목되었다가 이후 유교적 개념이 중심이 되어 모든 것을 포용하고 다양화시키고 복합화시킨 건축이 조선 시대에 더욱 발전하며 완성된 것으로 볼 수 있다. 오늘날 동시대 건축에서 자연과 함께 하는 태도와 엄정한 유형의 요소들을 차용하면서 동시에 유연한 변칙적 변화의 적용을 통해 세심한 공간의 조율을 성취해야 할 필요가 있는데, 이러한 부분들이 바로 유교 사상을 중심으로 불교와 도교적 가치를 포용하며 복합화한 조선시대 건축으로부터 동시대 건축이 취할 수 있는 교훈이 될 수 있을 것이다.

한국 건축의 시사점과
PART III
동시대 적용가능성

생각해보아야 할 점
유교사상과 연계된 건축담론

0327 프로그램이 스스로를 형성할 수 있게 하는 구조, 즉 기 중심으로 리가 발현하는 구조는 어떻게 성취될 수 있을 것인가?
우리가 철학적 사유에서 기대할 수 있는 바는 근본적인 통찰을 통해서 사물과 공간과 세계에 대한 본질적인 변화를 가져올 수 있는 상상력을 증진시킬 수 있다는 현실적인 이유가 크다고 할 수 있다. 비판적으로 본다면, 산업화 되고, 자본화 된 사회에서 근본적인 성찰과 통찰은 새롭게 자본의 원활한 집적을 위한 수단으로서 사용된다고도 볼 수 있을 것이다. 그러나 달리 생각하여 장점이 될 수 있는 부분은 근본적인 통찰력을 중심으로 하여, 기존 체제나 기존 산업구조의 근본적인 태도를 변화시킬 수 있는 가능성이 존재한다는 점에서 중요성이 증가할 것이다.

서구의 구조주의는 기존의 이과 중심, 과학 중심의 이성의 학문체계를 포함하면서 동시에 문과적, 예체능적인 부분까지도 포용하여 인류공통의 근본구조를 사유하고자 하는 과정에서 새롭게 등장했다. 이를 통해 구조주의는 주체와 객체를 분리시켜 대상화하여 사유하면서 나타나는 폐해를 극복하고자 했다. 그러나 동북아 사유는 애초부터 '문사철(文史哲)'의 통합적 학문체계이기 때문에 구조주의 혹은 후기구조주의적 사유와 유사하게 전체를 통합적으로 사유하고자 하는 특성이 기본토대로 깔려있는 상태에서 사유한다. 그것은 오늘날 각광받고 있는 들뢰즈 및 스피노자의 사유의 통합적 태도와 유사하다. 이들의 구조주의적 사유는 주체와 객체의 통합, 과학 예술, 미학 등의 예체능, 문과적 특성이 함께 녹아 들어가 있으며 세계의 운행과정을 설명하는데 유용하다. 특히, 경제의 운행과 이합집산에 대한 복합화의 측면을 설명하는데 있어서 탁월하다. 이들의 사유는 사실 생성(생기)의 철학으로 불리는 만큼, 이보다 먼저 사유하기 시작했던 성리학의 생기의 철학 계보를 우리식으로 해석하고 실행한다면 서구의 근대사상의 폐해와 시행착오의 역사를 보완하고 새로운 방향성으로 발전시킬 수 있는 원동력이 될 수도 있을 것이다.

선조들은 리의 질서를 중심으로 하는 예치국가로서 마음의 도덕 정치학을 수립하고자 했다. 사칠논쟁을 살펴보면, 자연의 흐름에 맞추어 엄정한 질서를 가지되 그것이 너무 엄정하고 유연성이 부족하여 빠져나갈 구멍이 없는 구조라고 한다면 결국 그 구조는 생명력이 감퇴될 수밖에 없음을 이미 우리 선조들은 알고 있었다. 좋은 구조는 부분으로부터 구조 전체로 유사구조가 확장되어 생성되면서 전체적인 구조를 순리에 맞게 만들어나가고 전체적인 질서가 동시에 이루어지는 구조이다. 이것은 유연성과 급변성을 포용하며 전체적인 시각에서 결국 전체와 부분의 자기유사성을 가지는 구조이다. 전체적인 시각에서 보았을 때, 그것은 프랙탈 구조와 공명한다. 그것은 엄정한 질서 가운데에도 한쪽이 트여 있는 한국 건축의 배치도 이와 유사하며, 또 약간은 엉성한 듯, 성긴 구조는 기의 순환을 원활하게 하고 심리적인 안정감과 함께 유연한 통제의 구조를 가능하게 만든다. 그것은 인간적이면서 동시에 전체적인 운행의 안정성을 확보할 수 있는 구조인 것이다.

그런 측면에서 한국에서 리 중심의 보수적인 성리학의 계보 외에도 꾸준하게 '기' 중심의 생기의 철학이 계속해서 논의되었던 것을 주목할 필요가 있다. 또한, 그러한 사상이 건축에 미친 영향에 대해서 생각해 볼 필요가 있다. 특히, '사칠논쟁' 처럼 기의 흐름에서 자연스럽게 리가 드러나고 운행이 이루어지며 질서를 잡아가는 것 역시 건축의 바람직한 모습을 구축하는 사례로 사유해 볼 필요가 있다. 다양한 기의 흐름을 포용하는 그 질서가 자연스럽고 꾸밈이 없되, 엄정한 느낌까지 만들어낼 수 있다면 그것이 최선의 방안이 될 수 있을 것이다.

이벤트와 다양한 프로그램의 행위가 창발 될 수 있는 구조, 그 가운데 자연스럽게 필요한 기능이 수행될 수 있도록 하는 것이 중요하다. 또한 내부공간의 각 기능은 꼭 필요한 부분이 필요한 영역에 소박하게 존재하도록 만든다. 나머지 무형의 공간이나 연계되는 요소들이 그 기능을 더욱 돋보이게 만들고 활발하게 시너지를 이루게 할 수 있는 방안이 가장 적합한 방식이 될 것이다. 그러한 공간이 바로 '무자성(無自性)'의 공간이 될 것이다. 동시대 건축에서는 츄미의 이벤트 시티의 개념과 카나자와 21세기 미술관의 불확정성의 공간개념이 그러한 부분이 드러나는 공간의 방법론으로 생각할 수 있을 것이다. 다만, 그 공간들이 자연의 기의 흐름과 함께 일체화 될 수 있는 방안이 함께 고려되어야 할 것이다.

0328 승려-선비-수도승의 절제 및 수행문화의 계보와 건축의 현대화를 어떻게 연결시키고 발전시킬 수 있을 것인가?

자연 운행의 도(道)와 인격의 수행과 완성은 둘이 아니라 사실은 하나이다. 그러한 정신은 꼭 유교만의 이야기만이 아니라 불교가 들어오면서 계속해서 있었던 절제와 수행의 미덕이기도 하다. 돈오점수를 통해 자연의 이치를 깨닫고 동시에 점진적인 수행을 중시했던 선불교의 전통은 계속해서 이어져서 조선 시대의 사대부에 이르러 도덕적 인격 수양의 완성을 추구하는 선비문화로 발전되었다. 사대부들은 고매한 인격 수양을 추구하면서 세계의 이치를 이해하고 천인합일의 경지에 이르기 위해 수행하여 완성하게 되면, 그것을 바탕으로 하여 관직으로 나아가게 된다. 이후 세상을 통치하면 세계와 부분이 하나로 연결되어 있으므로 도덕적 이상 국가를 실현할 수 있다는 논리였다. 이것은 일정 부분 유불도의 사상체계를 통합했던 성리학을 중심으로 하는 사대부들에게 수도승의 선불교적 수행문화가 이식되어 전승되고 있는 것이라고 볼 수 있다. 오늘날에도 지도층에게 높은 도덕성과 깨끗한 사생활을 요구하는 우리나라의 문화는 이러한 조선 시대의 유교 문화에 기인하는 면이 크다. 오늘날에 이르러 그러한 문화는 천주교(기독교)의 수도승(수도원 사제)의 문화로 연결되어 계승되고 있다.

승효상의 경우, 선비문화와 기독교에 영향을 받아 절제와 검약의 삶을 동경하여 '빈자의 미학'을 공표했고 비판적 지역주의의 영향을 받아 한국적 추상성을 재해석하여 한국적 감성의 건축작업들을 선보여왔다. 경북 군위에 위치한 사유원에 있는 명상을 위한 공간들과 구조물들은 마치 백남준의 'TV 부처'의 작업과 유사하게 번잡한 대도시의 삶에서 일정 부분 떨어져서 자연을 바라보며 진여(眞如)를 만날 수 있는 방안, 그것이 결국 전체 세계의 운행과 연결되어 있음을 사유하게 만드는 공간을 제시하고 있다. 끊임없이 순환하고 집적하고 확장시키고자 하는 자본의 속성으로 인해 현대인은 계속해서 자극적인 미디어에 노출되고, 자본의 순환을 위한 시스템의 부품으로 살아가기를 강요당하고 있다. 이러한 환경에서는 앞서 언급한 깨달음이나 세계 전체운행과의 교감이 사실상 불가능하다. 자본의 집적 시스템 하에 있더라도 삶을 관조하고 인간다운 삶을 누리며 진여를 찾을 수 있는 여지가 있는 건축공간, 그리고 동시대적 가치를 실현시키는 건축적 방안을 제시해야 할 것이다. 그것은 단순히 물리적 공간 및 표현의 차원을 넘어서서 삶의 방향성까지 디자인하는 것을 포함한다. 꼭 거창한 것만 가능한 것이 아니라 일상에서, 혹은 사회의 조그마한 것부터 실현 가능한 것을 고민해야 한다.

세계화되는 상황과 물질이 주도하는 세상에서는 옛 정신을 추종하면서 절제와 검약을 추구하는 삶과 정신을 강조하는 것이 시대착오적인 것으로 간주될 수 있을 것이다. 그러나 물질 만능의 문화가 팽배해있는 오늘날, 자본의 힘에 종속되는 서구의 자극적인 문화와는 달리 선비문화의 영향권 하에 있는 우리 문화를 비교해보면 어딘가 모르게 질서가 잡혀있고 좀 더 번듯하고 순수하고 기품이 있는 부분이 존재함을 느끼게 된다. 도덕적 이상 국가를 실현하기 위해 사유와 인식론과 세계관을 통합시켜 자신과 가정과 국가를 올바른 방향으로 실현시키고자 하는 자기 수행의 치열한 노력을 보여왔던 역사는 동시대에도 여전히 생각해야 보아야 할 주제이며, 동시대에 맞게 긍정적인 부분을 계승시킬 필요가 있을 것이다. 수도승의 경우, 동북아 사유와는 다른 방향성을 가진 종교와 형이상학적 문화에 속하지만, 범신론적이고 내재적인 자연 운행의 도를 신의 영역이라고 생각하고 대비한다면 자연이라는 신의 속성과 나(眞如)를 일체화시키기 위한 치열한 수행과 사회로의 확장이라는 측면에서 유사한 지점을 공유하고 있다고 볼 수도 있을 것이다. 선비의 정자 및 누각의 건축문화를 생각해보자. 자연을 벗하면서 일체화하려는 생활 태도와 인격을 닦기 위해 대청마루의 외부 공간과 최소한의 개구부를 낸 협소한 실내공간을 갖추고 있다. 이와는 대비되는 넓직한 외부 지향의 정자 건축과 서원의 카멜레온과 같이 상반된 기능이 접목되어 있는 누각건축의 이중적인 방식의 계획을 살펴보면 한국 건축의 특수성을 확인할 수 있을 것이다. 사대부들은 이상적인 도덕 국가의 완성이라는 목표를 이루기 위하여 자신의 인격을 고양시켜야 하며 사계절의 운행과 일상생활에서의 수도를 위해 극단적인 기후의 변화를 탄력적으로 수용하면서 자연의 운행을 온몸으로 경험할 수 있는 방식을 선호했다. 여기에는 절제와 검약과 청빈함이 공간으로, 또 경관으로 수반된다. 천주교 수도승의 절제된 생활 역시 이러한 부분이 존재한다. 이처럼 선비의 집은 절제하되 자연과 함께 할 수 있는 건축공간이 핵심이다. 현대 건축에 있어서 오늘날의 방식으로 자연과의 연계를 끊임없이 탐구하는 것이 전통성의 연장선상에서 생각해볼 가치가 있는 부분이다.

승효상이 작업에 주도적으로 참여한 사유원은 경북 군위에 위치하는데, 건축주는 원림을 조성하고 이를 배경으로 하여 알바로 시자, 최욱 등 몇몇 건축가들과 조경가의 작업으로 자연과 연계한 사유의 공간을 조성했다. 승효상은 개신교 장로이기도 하고 몇몇 천주교 성당의 설계 작업을 하기도 하였으며, 수도자 공간의 사례들을 매우 높게 평가하기도 했다. 그는 기독교 계열에 영향을 받아 청빈하고 검약한 수도자의 자세로 세상을 바라보고자 했다. 그러나 엄밀히 말하면, 그것은 고대로부터 내려온 범아일여, 천인합일의 수도승의 모습이기도 하고 조선 시대로 말하면 사대부 선비가 수행하는 모습에서 영향을 받은 것이기도 하다. 안빈낙도(安貧樂道)하는 선비의 자세를 중시한 그는 '빈자의 미학' 을 주장하였으며, 가난한 사람을 위한 미학이 아니라 물신적으로 살지 않고 절제하며 스스로 가난할 줄 아는 사람을 위한 미학으로 생각하는 것이다. 그는 '빈자의 미학' 을 유교적 덕목의 관점으로 관계지어온 것으로 보아서 전통과도 밀접한 관계가 있음을 주장한다.[68] 그가 설계한 주택들은 하이데거와 노베르그 슐츠의 인간 존재를 위한 거주의 개념을 중시하는 비판적 지역주의의 태도가 드러나는 작업이라고 말할 수 있다. 검소하면서 누추하지 않은 것(검이불루, 儉而不陋)과, 화려하면서 사치스럽지 않은 것(화이불치, 華而不侈), 장식하지 않는 벽과 재료 본연의 물성을 그대로 쓰면서 다르지 않지만 낯선 느낌을 나게 하는 것은 그가 건축을 대하는 근본적인 태도이며 동시에 자연을 바라보는 방식이다.

13

'태창철강' 의 설립자는 2006년 경북 군위의 땅 9만여평을 마련하여 원림과 건축을 조성하며 사유원을 만들었다. 장자의 '소요유(逍遙遊)' 에서 많은 영향을 받아 명칭된 소요원은 모든 건축물들이 산지 구릉에 위치하며 주변의 풍경을 깊이 끌어안고 자연과 하나가 되는 제스쳐를 취하고 있다. 그래서 사유원의 모든 건축물과 공간은 자연과 연계하여 명상하고 소요하기 위해 구축되었다. 자연의 지형에 순응하여 명상으로 이끄는 공간을 추구한 것이다. 특히 승효상은 수목원 북쪽 봉우리 전망대인 '명정' 을 계획했는데. 이 공간은 산지 지형을 이용하여 돌벽과 계단에 의해 자연스럽게 땅속의 지하 공간으로 내려가도록 동선이 계획되어 있다. 방문자는 네 면의 송판 노출콘크리트 벽들과 수공간, 그리고 하늘과 맞닿은 고요한 공간을 마주하게 된다. 그 공간은 하늘과 접한 내향형의 공간이므로 날씨의 변화는 쉽게 감지할 수 있으나 계절의 변화는 상대적으로 느리게 체감되는 공간이다. 물이 흘러내리는 벽 앞의 새하얀 백자 달항아리는 마치 월인천강지곡(月印千江之曲)의 개념

13 승효상_사유원_명정

68) 진중권, 진중권이 만난 예술가의 비밀, 창비, 2015, 건축적 혁명, 혁명적 건축/건축가 승효상 부분

을 생각나게 한다.[69] 물로 덮인 바닥과 건너편의 무대와 그곳을 향하는 연결로를 걸어가면서 방문자는 자연스럽게 자연과 인간의 관계와 존재에 대해서 생각하게 된다. 불교로부터 성리학에 이르기까지 전통적인 내재성의 사유의 연장선상에서 자연을 마주할 수 있도록 공간이 계획되어 있는 것을 확인할 수 있는 대목이다. 또 가장 외딴 곳에 위치한 그의 작업인 '와사'는 수목원 아래쪽 다섯 개의 연못을 연결하며 기다란 쉼터로서 계획되었는데, 이 공간은 지형과 계곡의 낙차를 이용하여 전체적으로 유기체의 흐름과 같이 연결되며 사유를 유도하는 공간이다. 이러한 모든 건축적 제스처와 자연을 바라보며 하나가 되고자 하는 방식은 자연과 존재가 하나가 되는 그의 사유가 구체적인 계획으로 현시된 것이다.

이렇게 건축을 대하는 자세는 능동적으로 지형과 하나가 되고 엄정한 자연의 흐름과 공명하도록 하는 방식으로 계획에 임하도록 만들었다고 보여진다. 그의 작업은 도덕적 분위기를 충분히 감지하면서 도덕적 수양이 가능한 공간, 인격적 공간을 추구하는 것이다. 자연을 향하면서 동시에 자신의 내면 깊숙한 자신을 살펴보고자 하는 수행적 태도는 이처럼 자연과 일체화되는 건축적 태도에 영향을 미치게 되었다. 오늘날에도 이러한 태도를 동시대 건축에 적용하고 일상생활에 적용하고자 하는 방식을 발전시킬 필요가 있다.

69) 달이 천개의 강에 도장을 찍어내듯 똑같이 비추며 존재한다는 의미로 불교의 범아일여로부터 주자학의 격물치지에 이르기까지 세계와 내가 온전하게 하나가 되는 수행과 궁극의 경지에 이르는 것을 추구하는 개념을 나타낸 것으로 말할 수 있다.

0329 질서와 자유로움의 상반된 가치를 동시에 성취할 수 있는 방법은 무엇인가?
이황과 기대승의 논쟁에서 이황은 결국 기가 리에 올라탈 수 있음에는 양보했지만, 리의 근본적 가치를 고수하는 선에서 논의를 끝냈다. 그러나 이황의 유연한 태도가 중요한 것은 학문적으로 기의 변화를 수용했다는 점에 있다. 그의 학문적 유연성은 서원에서 보이는 것과 같이 장수, 유식의 가치와 함께 시너지 효과의 병치와 새로운 글쓰기의 잠재성의 현실화를 가능하게 하기 때문이다. 그러나 단순히 욕망과 정진의 수행이 공존하는 것이 아니라 결론적으로 이러한 가치가 그 공간을 사용하는 사람이 세계와 자연과 합일되는 것이 여전히 중심이 되고 있다는 것을 상기할 필요가 있다. 세계에는 상반되는 가치의 존재들이 항상 공존하게 마련이다. 리와 기의 내용 역시 근본적인 구조적 틀과 질서 하에서 다양한 기의 작용을 포용하게 된다는 것을 의미한다.

이 지점에서 일정 구조 내에서 다양성을 포용하는 프랑크푸르트 학파의 비판이론과 공유되는 지점을 발견할 수 있다. 프랑크푸르트 학파는 중도좌파의 시각으로 모더니티가 만들어낸 세계를 인정하면서도 동시에 비판한다. 점진적인 발전을 인정하면서 동시에 자기비판을 가하는 것이다. 모더니즘의 세계가 이성을 중심으로 하여 혁신적인 새로운 구조를 만들었으나 그것은 다양성을 배제하고 차별하고 구분하는 공고한 엘리트의 구조체계를 만드는 것이었다. 이른바 발전된 동일성의 거대한 구조를 세운 것이었다. 근대성 이면에서 작용했던 다양한 폐해들은 이와 연관되는 것이었다. 그러나 '프랑크푸르트학파는 중도좌파의 시각으로 기존 체제와 구조를 인정하면서 다양성을 만족시키거나 포용하는 실천적 관점의 사회철학을 강조해왔다. 그들은 독일 관념주의의 영향 하에 이상적인 세계의 방향성을 설정하고 그것을 향해 발전할 수 있는 구조를 만들었다. 동시에 소외되거나 억압되거나 배제된 것들까지 합리적 이성을 바탕으로 포용하고 양성화시켜 기존 구조에 다시 편입시킬 수 있는 방안에 대해서 고민하고 있는 것이다. 그것은 기존 구조를 전복시키고 전혀 새로운 구조를 덧붙이거나 얹히는 방식이 아니라, 기존 구조를 유지하면서 일정 부분 수선하거나 색과 재료를 바꾼다거나 하는 방식일 것이다.' 70) 이러한 방식은 급격한 변화를 통해 억압하거나 배제하는 것을 다소 완화시킬 수 있으며 저항으로 인한 사회적 비용을 줄이는데에도 효과적이다.

'독일의 경우, 엄숙한 사회적 이상을 설정하고 도덕적인 관점에서 비전과 이상을 향해 나아가는 사회 분위기 속에서 대중들의 상향 평준화된 삶을 위한 도시건축과 여가와 여유로운 경관을 위한 도시 분위기를 만들어냈다.' 독일의 도시분위기 특히, 베를린의 도시적 특성은 오늘날 우리에게 질서와 이상과 자유로움의 상반된 가치들이 중도좌파적 시각에서 조화를 이룬 사례로서 충분히 검토해 볼 만한 사례이다. 다만, 공간적으로는 한국 건축의 회색 공간과 같이 질서와 자유로움이 동시에 성취되는 건축적 방식은 결국 기초적인 건축적 틀 안에서 다양한 이벤트가 벌어지는 구조이며 그것이 큰 무리없이 기능을 포용하는 때 이러한 가치가 성취될 수 있을 것이다. 이러한 방향성이 도시건축에서 회색 공간으로서의 기능을 하는 여유와 포용의 공간을 확보할 수 있는 방안이 될 수 있다. 더 나아가 줌인하여 개별 건축물에서 회색 공간과 연계된 녹지공간 혹은 자연의 공간은 세계(자연)와 주변 콘텍스트를 연결하면서 점진적인 발전 혹은 안정적인 구조속에서 발전과 다양성을 포용할 수 있는 방안이 될 것이다.

0330 무형(정신, 보이지 않는 것)의 존(存)과 유형(구체, 보이는 것)의 재(在)가 만나 인간이 존재(存在)하는 체용상 개념의 건축은 어떤 것이 되어야 할 것인가?

70) 임기택, 사회비판이론과 건축이론, 시공문화사, 2019, p191

보이지 않지만, 엄연히 존재하고 작용하고 있는 기(氣)는 동북아 사유에 있어서는 매우 중요한 요소이다. 대자연의 기의 운행에 맞추어 인간이 함께 생활하고 일체화되고자 하는 것이 순리(順理)라고 생각했던 동북아인들에게 자연의 지세에 맞추어 건축을 조화롭게 앉히는 것은 도덕적 가치의 수준에까지 이르는 매우 중요한 일이었다.

기의 흐름과 움직임에 따라 리가 드러나는 방식을 사유한 성리학의 계보를 생각하면 동시대의 동북아적 사유와 공명하면서 새롭게 물질적, 공간적 구조를 만들어나가는 것에서 시사점을 취할 수 있을 것이다. 기의 흐름과 리의 논의는 서구의 건축에 있어서 비가시성과 가시성의 관계와 유사한 측면이 있다. 서구에서는 일상에서 직접 감지되지 않은 것에 대한 관심에서 출발해서 결국 직접 감지되는 정도 이상의 효과를 추구하는 부분을 사유한다. 서구에서는 비가시적인 것을 어떻게 하든지 가시적인 것으로 전환시키고자 하는 방식이 발전했다. 오늘날 가상현실을 실현하는 디지털 도구들은 도구이기 때문에 당파적 의도에 따라 통제하고자 하는 의지와 탈주하고자 하는 의지가 충돌하는 양극단에서 동시에 같은 도구를 사용하여 자신의 목적을 성취하고자 한다. 따라서 가상공간에서는 이러한 두 가지 흐름이 동시에 나타난다. 가상공간 안에서 다양성을 함께 성취할 수 있는 방안이 필요하다. 동북아의 경우, 비가시적인 것은 비가시적인 것 그대로 운행되고 순환될 수 있도록 하며 자연과 몸이 하나로 감응될 수 있는 건축적 방안을 중시했다.

앞서 언급한 총상적(總相的) 건축의 개념과 같이 결국 우리는 인간이 존재할 수 있는 '거주' 의 개념이 실현되는 통합적인 건축을 추구해야 할 것이다. 우리는 단순히 시각적 대상화, 공간적 대상화의 건축을 넘어서서 인간의 생활이 중심이 되는 '존재' 로서의 건축을 추구해야 하는데, 여기에서 중요한 것은 그러한 바람직한 건축은 세계속에서 부분과 전체가 온전하고 동일한 자기유사성의 조직으로 역할을 하는 방식이어야 할 것이다. 동북아 사유에서는 자연과 하나가 되고 동시에 자연의 운행의 기와 함께 할 수 있는 것이 최고의 가치이다. 그렇기 때문에 그러한 흐름에 어울리는 공간, 표현, 콘텍스트의 조화, 회색과 불확정성의 기능을 만족시키면서 동시에 자연의 침투와 공감각적 일체화가 용이한 건축을 추구하는 것이 바람직할 것이다. 그것은 보이지 않는 기를 드러내기보다는 보이지 않는 기와 보이는 물질과의 연계 혹은 상호 침투 사이에 인간이 존재하는 하나의 조화로운 채를 만드는 것으로 이해해야 할 것이다.

0331 기(氣)와 관법(觀法)에 따라 다양성을 만들 수 있는 것을 응용하여, 다양성의 통합 방법론을 동시대 건축에서는 어떻게 바라보아야 할 것인가.

리의 흐름을 중시하는 방법론은 리를 중시하면서 리가 이론이 되고 물질적인 것이 기가 된다는 위계관계가 설정된다는 측면에서 근대 이후 주체와 객체를 이분화하여 주체 우위의 사유구조를 만들어냈던 특성과 일부 유사한 측면이 있다.

그러나 기의 흐름을 중시하는 방법론은 반대로 기의 흐름과 운행 속에서 자연스럽게 드러나는 리를 중시한다. 따라서 그것은 필연적으로 기의 흐름을 중시하는 가운데 내부(아트만)에서 외부(브라흐만)로 향하는 내재성의 범아일여의 자세와 연계될 수 있다. 앞서 계속해서 살펴보았던 바와 같이 건축에서 다양한 시각적 축을 내부에서 외부로 향하는 건축계획적 자세와 자연감응의 장치와 계획, 조화 및 질서의 감각을 중시하는 자세는 생기의 흐름과 구축을 중시하는 동북아적 가치와 연계된다. 자연에서 끊임없이 변화하며 다양하게 창발하는 생성과 흐름을 받아들이고 일체화하는 가운데 그 속의 건축 자체는 단아하고 안정적인 방형의 구조들이 결합된 상태로 조형과 공간구조가 만들어지고 있기 때문이다.

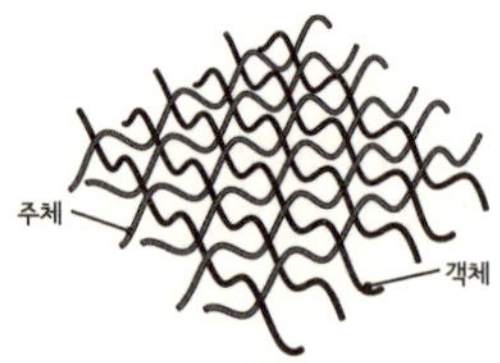

14

14 부정변증법의 짜임관계의 중시

객체 중심의 새로운 구조를 사유했던 아도르노의 부정변증법은 이러한 부분과 연계되는 지점이 존재한다. '부정변증법은 부정을 매개로 하여 대상을 인식하는 것이 아니라, 주체와 객체의 짜임관계(Konstellation)를 통하여 파악하는 것을 중심으로 하고 있다. 따라서 그의 사유는 중심을 객체 중심의 시선으로 돌리면서 객체로부터 주체로의 관계 혹은 사이관계에 주목하고 있다. 주체와 객체 사이의 관계, 주체와 객체 사이에서 벌어지는 양상에 관심을 두었던 해체론이나 지젝의 사유가 이러한 관심영역이라는 점에서 그의 사유는 동시대적 사유의 관심사를 앞서 사유했다고 할 수 있다. 헤겔의 변증법적 과정의 폐해를 비판하고 그것을 근본적인 의미에서 고찰한다. 반대적인 시각으로 바라보면서 차이와 다양성을 기반으로 하여 새로운 주체를 만들어나가려고 하는 방향성은 포스트모던 담론 및 후기구조주의 사유의 출발점이 되고 있다.' 71)

이러한 측면에서 아도르노의 '부정변증법'의 시각과 방법론은 한국적 건축의 특성과 연계지점이 있다. '아도르노는 주관에 의한 변증법이 부정의 부정을 통하여 어떻게 긍정적인 것을 사유할 수 있는가를 비판한다. 따라서 그의 변증법을 부정의 변증법이라 부른다. 그의 사유에서는 객체를 중시하기 때문에 개념에 의하여 비개념적인 것이 억압당하는 기존의 폐해가 발생하지 않는 조건을 중시한다. 이후 소수 엘리트가 주도하는 앞선 기술과 문화의 방식보다는 차이를 중심으로 하는 대중 취향의 기호와 문화적 요소들을 포용하는 디자인과 문화적 흐름이 나타났다. 그것은 구조와 이데올로기적 체계의 강요와 이끌음이 아니라 대중의 니즈와 흐름에 맞추어 차이와 다원성에 입각한 진화라고 볼 수 있다.' 72)

다만, 다양성을 포용하면서도 기존 구조 내에서 풍부함을 만들어나가는 화해의 구조를 만들고 있지만, 그것 자체는 세계와 자연과 연계되지는 않는 형이상학적 사유에 불과하다. 그러나 동북아의 기 중심의 사유는 아도르노의 사유와 유사한 관점으로 주목하되 결국 그 방향은 세계와의 합일, 자연의 가치와 형태, 구조

71) 임기택, 구조주의와 건축이론, 시공문화사, 2014, p195
72) 임기택, 상게서, p195

와 합치될 수 있는 것, 그래서 자연의 흐름 및 변화와 함께 공명하는 것을 중시한다는 점에서 차이가 있다. 포스트모던 담론에서 중시되는 다양성을 포용하면서 동시에 그것이 자연의 흐름과 연계되고 자연과 일체화되고 자연의 엄정한 움직임(법, 도)과 하나가 되는 건축적 방식이 중요하다. 개별적으로 자연의 기의 흐름에 순응하면서 다양성과 변화와 흐름을 만들지만, 그것이 만들어내는 전체적인 질서와 체계하에 있는 건축을 추구하는 태도로부터 나오는 건축적 구성방식이 중요할 것이다.

0332 윤리적, 도덕적, 역사적인 요소가 직관적으로 결합된 마음의 도덕학과 건축적 해결방식은 어떻게 성취되어야 할 것인가?

우리가 한국인라고 해서 단순히 한옥의 우월성을 주장하고 신토불이(身土不二)를 내세우며 그것이 과학적이라면서 무조건적으로 찬양하는 태도는 재고할 필요가 있다. 한옥의 중요성에는 동의하지만 한옥의 과학성이나 기능성에 있어서는 서양의 측면과 비교하여 장단점을 취합할 필요가 있다. 이른바 오늘날 한옥의 현대화와 동시대화가 얼마나 이루어졌는가를 생각해야 할 것이다. 또한 옛 선조들의 사상이 오늘날 어떠한 방식으로 연속성을 가지면서 새로운 시대정신과 조화를 이루며 꽃피울 수 있을 것인가에 대해서도 생각해 볼 필요가 있다. 우리는 이러한 점에 있어서 균형잡힌 시각이 필요하다.

도시 및 건축에 있어서 자본의 폐해 혹은 단점들은 일일이 열거하지 않아도 일상생활에서 쉽게 감지될 수 있다. 그러나 자본이 성숙하기 이전의 시대에는 상상하기 힘들었던 편리함, 신속함, 효율성, 산업화, 자본화 등의 장점들은 여전히 발전시킬 필요가 있다. 이 부분은 자본의 논리에 따라 자연스럽게 발전될 것이다. 다른 한편, 이러한 부분을 멀리하게 되면 국제적인 경쟁력이 떨어지게 된다는 현실적인 문제도 존재한다. 다만, 여기에서 중요한 부분이 있다. 바로 자연과 하나가 되고자 했던 범아일여의 정신과 물질성의 과학이 동시대에도 함께 적용될 수 있어야 한다는 점이다. 그것은 일정부분 건축에서 구축이라는 생성뿐만 아니라 소멸성의 윤리성과도 연계된다. 다시 말해, 자연과 유사하게 자연의 재료로 자연에 가까운 건축을 구축하여 사람에게 건강한 환경을 제공해야 한다는 점에 있어서는 누구나 동의할 수 있을 것이다. 자연과 호흡하며 효율적인 건축으로 사용되다가 자연으로 손쉽게 되돌아갈 수 있는 건축, 환경에 부하를 거의 주지 않는 건축, 그렇게 윤리적이고 도덕적인 건축을 추구해야 할 것이다. 효율성만을 따진다면 건축재료 혹은 구법에서 많은 에너지를 필요로 하는 경우, 혹은 쉽게 소멸되지 않는 구조와 재료, 혹은 효율성은 좋으나 환경에 악영향을 끼치는 재료, 구법, 유지, 보수에 환경에 많은 악영향을 끼치는 방식은 재고할 필요가 있다. 중요한 것은 쉽게 소멸할 수 있도록 환경과 자연에 최대한 가까운 재료와 구축 방법, 그리고 자연과 함께 숨을 쉬고 자연의 변화의 기를 느낄 수 있는 건축계획이 필요하다는 것이다. 문제는 그것의 구축과 유지, 보수, 소멸의 방식이 좋은 것을 알고는 있지만, 자본주의의 상황 하에서 구축의 비용의 적정선을 어떻게 맞추며 경쟁력을 확보할 수 있을 것인가와 사회적 합의를 어떻게 이끌어 낼 수 있는가의 문제가 남게 된다. 단열의 효율성이 좋으면서 동시에 선택적으로 자연을 즐기며 자연의 변화와 흐름에 순응하며 호흡할 수 있는 공간구조와 구축방식은 어떻게 성취되어야 할 것인지, 그리고 쉽게 소멸될 수 있는 재료와 구법은 어떻게 성취할 수 있는지, 그리고 그 재료는 어떻게 자연과 함께 숨을 쉬면서 소통하고 동시에 혹서, 혹한을 막을 수 있는지에 대한 건축적 연구가 필요하다. 범아일여의 자세와 내재적 사유의 특성이 그렇기 때문이다. 자본사회에서 구법과 재료의 산업적 생존은 결국, 가격경쟁력으로 결정되는 경우가 대부분이다. 자본사회의 상품화와 경쟁체제를 생각하면 우리가 희망하는 이러한 방식은 영원히 주류로서 실현되기 어려운 경우가 많을 수 있다. 여기에는 좀 더 자연적이고 도덕적인 건축을 구축하는데 효용성과 비용적인 과잉투자에 있어서 사회적인 합의와 교육이 필요할 것으로 판단된다.

모더니즘 건축에서 "기능은 형태를 따른다(form follows function)"는 문장은 이성을 최우선적으로 생각하는 태도로, 결국은 범아일여의 내재성의 정신에 해당되는 내용이 빠져 있는 반쪽짜리 사고라고 할 수 있다. 내재성의 사유가 중심이 되어 다양성을 포용할 수 있는 구조와 흐름이 바로 동북아 사유의 특성 중 중요한 부분이라고 할 수 있다. 궁극적으로 객관성을 보장하는 것은 도출되는 명제 자체가 아니라, 객관적이고자 하고 지속적으로 노력하는 행위 자체이다. 열린 보편성이 로컬의 특성과 만나서 보편적인 포용성을 발휘할 수 있으면 로컬의 특정한 속성이 살아있으면서도 동시에 보편성을 만족할 수 있는 아이덴티티를 확보하고 총체성을 얻을 수 있을 것이다. 여기에서 중요한 것은 한쪽의 보편을 내세우며 강제하며 획일화시키는 것을 경계해야 한다는 점이다.

한국의 정체성의 긍정적인 부분을 생각해보자. 빠르게 성장하고 외형을 갖추기 위해 우리는 정체성을 희생하면서 근대화를 이루었고, 오늘에 이르게 되었다. 그 가운데 우리나라는 마치 서울과 부산 등의 대도시의 경우, 오늘날의 LA와 같이 콘텍스트가 없는 것이 콘텍스트가 된 도시환경을 만든 지경에 이르게 되었다. 긍정적으로 이야기하면 한국의 서울과 같은 대도시는 전 세계의 보편적 문화와 편의성을 적용한 문화적 용광로가 된 몇몇 세계 주요 도시의 지위를 성취하게 된 에너지가 넘치는 드문 도시라고 할 수 있다. 서울은 끊임없이 변화하고 문화가 들어오고 섞이고 새롭게 발전하면서 오늘날의 서울의 독특한 콘텍스트를 만들고 있다. 그러한 가운데 한국문화의 전통이 설 자리는 상대적으로 적어지는 느낌이다. 그럼에도 불구하고, 왜 한국적 정체성과 사상의 원류를 다시 찾아야 하는가. 용광로, 비빔밥과 같은 혼합되는 과정에서 생성과 창조의 긍정적인 부분도 있지만 자기 정체성의 결여 및 자기분열의 단점도 필연적으로 나타날 수밖에 없는 것이 현실이다.

결국, 우리는 미래에 대해 어떠한 '태도'를 취하느냐가 중요하다. 그것은 전망과 관점이라고 달리 이야기 할 수도 있을 것이다. 외부의 사상과 물질적 요소에서 어떠한 것을 도입하느냐는 결국 자신의 잣대와 비전이 어떤 것인가를 명확하게 인식하고 그것을 소화하고 포용할 수 있는가, 그렇게 하지 못하는가의 문제로 귀결된다. 오늘날 우리의 문제 중 많은 것들은 손쉽게 여러 가지를 받아들이고 현실에 적용하기는 하지만 그것을 어떠한 잣대와 비전으로 취사선택할 것인가에 대해서는 상대적으로 매우 취약하며, 왜 하는지도 모르고 하는 지경에 이르게 되고 말았다. 단순히 용광로와 같은 상황에서 다양한 것들이 쏟아져 들어오고 다양한 것들이 공존하는 방식으로 특성화가 되는 것에는 장단점이 분명하게 존재하며 일정부분 한계도 존재한다. 이러한 점에서는 한국에서 다원적인 포스트모더니즘의 담론과 문화의 경향이 상당 부분 영향을 주기도 했다. 그것은 서양의 이분법적인 한계를 동시에 느끼게 하면서 우리의 것에 대한 자각과 필요성을 증대시키는데에도 일정 부분 긍정적인 역할을 한 것도 사실이다.

베버가 판단한 동양의 관점의 문제점은 사상 자체가 기독교의 이해의 바탕에서 판단하고 있다는 점과 자본주의와 신교를 분석하는 틀로 그대로 중국을 비교분석하고 있다는 한계가 있다. 중국 및 베트남 등에서는 안정적인 일당 통치체제, 행정 관리들의 지도력, 강한 민족주의와 같은 정치, 경제적 조건에서 자체적인 자본주의 발전이 있었으며 구조 깊은 곳에 깔려있는 문화와 그 해석의 수준이 상당하다. 동북아, 특히 중국에서는 중앙집권적인 관료체제가 독특한 특징으로 남아 있다. 그들은 봉건적인 느낌의 공산당의 중앙 관료체제를 유지하면서 동시에 자본주의를 상당 부분 도입하여 정착시켰지만, 여전히 자연과학적 합리성은 결여되어 있는 상태이다. 거기에는 상당 부분 고대의 미신적 특성이 남아 있는 도교의 영향력이 여전히 작용하고 있다. 도교적 문화에는 신비주의적인 특성이 여전히 존재하며 서구의 능동적인 직업윤리와 자유 경쟁체제에 어울리지 않는 영역이 어정쩡한 방식으로 남아 있다. 오늘날 이런 경향은 세계화로 인해 상당 정도 와해되고 있다. 현재는 와해되기는 했지만, 일본의 종신고용제나 노사가 조화롭게 공존하는 기업문화 등과 같이 서구에서는 찾아보기 힘든 문화적 특성과 유사한 부분들이 존재하고 있다. 이러한 것들은 개인주의에 기초한 서양의 자본주의에서는 존재하기 힘든 부분이다. 성리학의 유, 불, 도의 통합적 문화와 특성과 서구의 근대성이 서로를 비판하고 서로를 풍부하게 해주고 서로를 보완해서 다른 차원의 방향성을 찾게 된다면, 서구의 상대적으로 부족한 정신적, 통합적 문명의 특성이 가미된 정신, 물질문명을 이룩할 수 있지 않을까. 앞서 언급했듯이, 자연(세계)의 흐름을 받아들이며 하나가 되고자 하는 마음의 도덕학이라는 윤리성에 입각한 건축문화를 이루는 방식이 하나의 해결방안이 될 수도 있을 것이다.

0333 유교와 노장사상의 차이가 공존하는 세계와 같이 건축 프로그램의 차이는 어떻게 융합시킬 수 있을 것인가?

유교 사상의 특성은 윤리 도덕학, 통치학에 가깝다. 유교는 기존 이데올로기를 강조하고 지켜야 할 예절과 가치를 강조하기 때문에 당파적으로는 보수적인 논리라고 할 수 있다. 그러나 노장사상은 자연의 도를 강조하여 물의 자연스러운 흐름을 중시한다. 노장사상은 자연의 내재되어 있는 신의 속성인 도에 맞추어 살게 되면 최선의 삶을 사는 것이라고 가르친다. 노장사상은 인위적인 윤리 도덕을 해체하는 사상을 펼친다. 두 가지 조류의 사상은 앞서 언급했던 구성주의 철학과 해체주의 철학의 사유의 대립적인 측면이 공통적으로 존재한다. 동북아 사유에서는 양과 음의 관계와 같이 서로를 기다리며 서로의 흔적을 오가며 순환하는 것이 세상의 이치로 중요하게 취급하여 사유한다. 마찬가지로 동북아 사유에서 두 사유는 계속해서 서로의 흔적을 쫓으며 순환하는 특성을 보인다. 중국의 역사에서도 유교가 극에 이르면 노장사상이 그 뒤를 따르는 식으로 순환을 이루었다. 마치 겨울이 최고 극에 이를 때 봄을 맞이하기 위한 새싹이 태동하는 것과 같은 이치이다.

법치와 예치도 그러한 측면에서 상호 보완된다. 법치는 강제성을 수반하며 질서를 수립한다. 공평하고 객관적이지만 무자비한 단죄의 폭력성이라는 부작용도 만만치 않다. 그러나 예치는 교화와 교육을 통해 예의를 자리잡게 하여 미연에 범죄를 방지하고 스스로 질서를 만들어나가는 태도이다. 법치와 예치 가운데 어느 것이 사회문제 해결에 유용한가? 어느 쪽이 더 나은 방법인지는 양과 음의 관계와 유사하다. 또 『장자』는 유교와 대립적이지만 역설적으로 예를 들어 비판하는 공자를 더욱 돋보이게 한 측면도 있다. 이황과 기대승의 사칠논쟁도 결국은 이황의 논리를 더욱 돋보이게 하는 측면이 있는 것과 유사하다.

프로그램과 건축의 구축에 있어서도 유사한 측면이 있다. 엄정하고 질서가 잡혀있고 이성적인 건축은 기능적이고 위계와 질서와 체계가 수립된 것 같아 보인다. 그러나 매우 기능적이고 합리적인 구조 가운데 오히려 이면에 불합리하고 비효율적인 상황들이 발생한다는 역설이 존재한다. 질서와 시스템이 없다면 오히려 개체들의 자체적인 질서에 의해서 가장 효율적인 방식으로 적정선의 질서를 이룰 수 있음에도 오히려 엄정한 체계의 질서로 인해 불합리한 상황들이 발생하는 것이다. 너무 명확한 프로그램과 조닝보다는 큰 틀에서 대략적인 프로그램 및 조닝을 설정하기만 하고 나머지의 행위들과 움직임들은 개체들이 만들어가면서 필요한 기능의 효율을 극대화할 수 있는 여지가 있는 구조가 유용할 것이다. 그것은 마치 헤르만 헤르츠버거의 구조주의 건축과 같이 사용자들의 자유로운 사용공간을 구조 안에 의도적으로 삽입하는 경우와 유사하다. 모든 구조에는 통제할 수 없는 구멍이 존재한다. 그 구멍까지도 디자인하고 체계화하려는 순간, 그 구조는 오히려 작동이 힘들게 되는 역설적인 상황에 직면하게 된다. 이러한 논의는 후기구조주의의 사유와 연계된다.[73] 유교는 구조주의적, 노장사상은 해체주의 혹은 후기구조주의적 사유와 그 궤를 같이 한다. 그러나 우리나라 사유의 특성은 성리학의 경우, 리를 중심으로 하는 구조와 함께 기의 흐름과 움직임을 최대한 가능하게 하고자 하는, 혹은 기를 중심으로 운행하는 가운데 리가 드러난다는 사유가 논쟁을 지속하였지만 결국 전체적인 질서와 구조 자체를 부정하지는 않았다. 따라서 결과적으로 한국적 사유와 건축적 흐름은 전체적인 질서와 리를 존중하는 가운데 변화를 추구하는 방식으로 구축되어온 경우가 대다수를 형성하고 있다. 다

73) 욕망과 무의식이라는 카오스의 바다에 사회라는 구조는 불안정하게 떠있는 상태이다. 구조 이면에서 억압되고 배제된 것들이 그 구조를 뚫고 나와 허물고 새롭게 구조를 형성할 수도 있고, 때로는 혁명등으로 그 구조 자체를 변혁시킬 수 있다고 보는 것이 후기구조주의의 사유의 주된 방향성이다.

만, 기를 중심으로 운행하는 가운데 리가 드러나는 사유와 건축적 방식에 대해서 사유할 필요가 있다. 회색공간과 불확정성의 공간이 주가 되는 계획을 실행하되, 결국 전체적인 통합의 질서와 체계가 자리잡고 있어야 한다는 것이다.

중요한 것은 그러한 공간들이 최대한 자연의 흐름을 원활하게 느낄 수 있는 공간이어야 한다는 점에 있다. 한국의 건축은 그러한 자연스러움과 자연과 일체화가 될 수 있는 공간구조와 경관에 특징이 있다. 후기구조주의의 건축의 특성이 이와 유사한 회색 공간을 보이는 경우가 있다. 이전에 언급한 바와 같이 SANNA의 카나자와 21세기 미술관의 경우, 실 혹은 복도의 특성이나 명칭이 명확하지 않는 경우에도 그 실과 복도의 쓰임새나 구조가 열린 구조로 다양하고 유연하게 쓰일 수 있도록 하는 프로그램의 가변성이 매력적인 작품이다. 그러나 그 작품에서의 가변성과 자연의 침투 혹은 연계, 혹은 일체화와는 다른 문제이다. 동시대의 한국 건축이라고 한다면 동시대의 담론과 연계된 후기구조주의적 작품 스타일에 자연을 어떻게 담으면서 외기에 면하고 자연과 함께 할 수 있는가와 자연과 어떻게 일체화되는 삶을 살 수 있는가에 대한 솔루션이 담겨야 할 것이다. 한국적인 새로움의 방식으로 말이다. 리의 질서를 중심으로 하는 예치국가로서 마음의 도덕 정치학을 수립하고자 했던 조선의 노력과 논쟁을 살펴보면서 기 중심의 생기의 철학이 계속해서 논의되었던 것, 그것이 건축에 미친 영향에 대해서 생각해보았을 때 동시대의 건축문화와 사상의 흐름과 공명하되 내재성의 범아일여, 천인합일의 태도가 연계된 건축을 접목하는 것이 바람직할 것이다.

0334 추상적으로 담을 수 있는 무형의 것을 중시하는 관념성의 경향을 긍정적으로 동시대 건축에 적용할 수 있는 방향은 어떻게 되어야 할 것인가.

김환기의 회화는 한국적 추상의 특성을 건축적으로 적용하는데 있어서 참고할만한 사항들이 많기 때문에 음미해볼 필요가 있다. 김환기의 회화는 한국적 소재의 구상회화로 시작하여 만년의 한국적 추상의 소재로 옮겨가게 된다. 초기에 그는 한국의 산수, 백자, 매화. 새, 솟대 등의 한국적 정서를 상징하는 구상을 살짝 추상화하는 방식으로 압착하고 평면화시키는 스타일의 작품들을 선보였다. 그의 초기 회화는 마치 문인화의 현대적 버전처럼 느껴질 정도로 정중동의 공예적 미학의 특성을 보여준다.

그러나, 그의 만년의 회화는 점묘적인 성격으로 바뀌었으며, 한국적 구상에서 점차 우주, 생명, 자연의 특성으로 추상화되며 우주의 광활함과 적막함을 보여주는 추상으로 발전한다. 그의 회화는 전반적으로 짙푸른 청색의 색감이 주된 색조를 이루고 있다. 특히 만년의 회화는 무수한 점들이 만들어내는 이미지를 보여주는데 그것은 김환기가 바라보는 한국적 우주 또는 자연의 모습이다. 그는 항상 두고 온 고향의 아름다운 자연을 그리워하며 작업을 했고, 만년에는 한국적 정서를 기반으로 하여 그리움의 점들이 은하수를 만들어가면서 전체를 형성하는 그림을 그렸다. 그 점들은 개체이자 전체이고 광할한 우주를 상징한다. 우리는 그의 회화를 바라보며 동시에 내면의 나의 참 모습을 발견하고 있는 자신을 맞이하게 된다.

그는 무수한 점들 사이에 흰 선으로 면을 분할하면서 동일한 크기의 점들의 개체가 만들어가는 전체 생명의 거대하고 도도한 움직임과 흐름을 표현하여 보여준다. 이것은 동북아 사유의 특성이자 아이덴티티인 내재성의 사유, 범아일여의 사유, 더 나아가 화엄불교의 개체와 전체가 하나로 엮어지는 일즉다 다즉일의 특성을 잘 드러낸다. 범아일여, 일즉다 다즉일, 천인합일, '내 안의 우주, 우주속의 나' 를 마주하게 되는 회화인 것이다. 김환기의 추상 회화에서는 무언가 한국적인 감성을 느낄 수 있다. 세계 각국에서 자국의 추상 회화를 대표하는 화가의 작품의 발전 행보를 살펴보면, 구상에서 추상으로 발전할 때 결국은 단순해진다는 점에 있어서는 동일한 행보를 보여주고 있지만, 이미지 자체에서는 무언가 딱부러지게 설명할 수 없지만 각 나라의 감수성과 특성이 전해지게 된다. 이른바 구상을 모티

브로 하는 추상은 결국 다른 아이덴티티의 초월적인 추상의 힘을 드러낼 수 있다고 말할 수 있는 것이다.

여기에서 중요한 것은 김환기의 회화가 한국적 모티브의 구상으로부터 한국적 추상으로 나아갔다는 점이다. 이제 건축으로 넘어와 생각해보자. 1960~70년대 1세대 한국 현대 건축가들이 즐겨 사용하며 추구했던 콘크리트 기와지붕, 처마, 한국적 문양 장식 등이 구상에서 점차 한국적 공간구조를 중심으로 추상적인 방향으로 나아갔던 건축적 방식과 유사하다고 할 수 있다. 오늘날의 우리는 전세계적인 보편적 건축의 특성인 박스와 그리드의 패턴이 쌓이면서 동시에 한국적 특성을 만들어 낼 수 있는 추상적 방안에 대해서 생각해볼 필요가 있다. 보편성을 획득하면서 내재성의 천인합일 사상과 동시에 지역적 특수성의 추상성을 얻을 수 있는 방안을 고려해야 한다.

소우 후지모토 혹은 MVRDV의 건축 스타일과 같이 분절된 박스의 결합이라는 보편성의 방법론을 중심으로 하여 복합화를 이루는 가운데 지역 특유의 추상성과 기능과 태도가 만족될 수 있는 방안을 생각해보아야 할 것이다. 조병수의 작품인 땅집과 ㅁ자집은 추상적이고 미니멀적이지만 묘하게도 한국 민가 혹은 반가의 감성을 느낄 수 있다. 보편성에 근거한 박스의 디자인이라고 할지라도 지역 특유의 감성과 기능 및 계획요소들을 반영하여 추상화시키면 충분히 지역적 특성이 드러나는 추상성의 아이덴티티를 확보할 수 있는 것이다. 향후 인류는 결국 이러한 지점에서 건축의 보편성과 지역성의 공존이라는 '글로컬의 니즈'에 있어서 능력과 차이를 드러내는 부분에 관심을 가지게 될 것이다. 그것이 결국 보편적 경쟁력을 가지면서 동시에 특유의 지역적 가치와 특성을 드러내는 힘이 될 것이기 때문이다.

0335 프로그램 조닝과 자발적 사용자 공간의 조화를 위해 건축에서 어떻게 구성할 때 질서 속의 자유를 담을 수 있을 것인가?

모더니즘 건축으로 대표되는 국제주의 건축의 특징과 장점은 이성을 중심으로 프로그램을 분류하고 접합하여 합리적인 방식으로 묶어내어 배치한다는 점에 있다. 모더니즘 건축은 효율적이고 명백한 기능들이 원활하게 수행되도록 계획된다. 그러나 그러한 명백함이 때로는 더 큰 비효율적인 측면으로 다가올 수 있다. 예를 들어 이성적으로 생각했을 때 완벽해 보이는 중심업무지구(CBD)의 오피스 건축들이 업무시간이 지나고 나면 공동화현상이 생겨 슬럼화가 되어버리는 현상이라던지, 대규모 문화, 스포츠 시설 혹은 대형 콤플렉스에서 공연장과 부속시설이 공연이 없거나 부속시설의 근무시간이 지나버리면 상당 부분이 죽어있는 공간처럼 활력이 떨어지는 문제 등을 그러한 사례로 들 수 있을 것이다. 자체의 평면을 이성적으로 따져보면 완벽하게 기능하지만, 인간의 심리와 문화적 상황을 고려하여 따져본다면 오히려 더 큰 문제를 야기하거나 불합리한 문제를 야기시키는 경우가 많다. 특히 미노루 야마사키가 설계한 프루트 아이고(Prutt-Igoe) 단지의 경우, 이성적인 측면에서 고려했을 때 완벽하게 기능하는 주거단지였기 때문에 계획을 실현시켰을 당시, 미국 건축가협회의 특별상을 수상하기도 했다. 그러나 그 주거단지는 얼마 지나지 않아 슬럼화와 거주자들의 폭력행위가 가속화되어 결국 폭파, 철거되고 말았다. 깨끗하고 위생적이고 합리적으로 기능하는 듯 보였던 주거단지가 실제로는 이성적인 것 이외에 고려하지 못한 심리적 부분으로 인해 실패의 결과를 맞이한 것이다. 건축은 단순히 이성적인 조닝을 넘어서는 개별의 심리적 영역이 존재하는 것이 엄연한 현실이다.

동북아 사유는 이성과 무의식의 영역과 직관의 영역이 공존하며 양과 음의 요소들이 공존한다. 이들 요소는 서로의 흔적을 인정하며 서로를 기다리고 흔적을 따라 움직이면서 순환함을 사유한다. 가장 중요한 가치는 신의 속성이 자연에 내재한다는 사유이며 그것이 순환하면서 중용의 덕을 추구한다는 점이다. 바로 이러한 점이 서양의 사유와 근본적인 차이를 만들어내는 부분이다. 프로그램의 조닝과 배치에 있어서 단순히 이성적인 기능의 조합이 아닌 양과 음의 조화를 통해 양과 음의 요소들이 공존하고 서로를 기다리고 순환하도록 할 필요가 있다. 그럴 때만이 그 건축물이 혹은 단지가 죽지 않고 활성화되고 슬럼화되지 않을 것이다. 렘 콜하스는 Bigness의 개념을 설정하면서 거대화된 복합건축물이 시대적인 하나의 현상이 되고 있음을 강조하며, 거대하게 복합화될 때 프로그램의 선악이 공존함을 인정한다. 그리고 그는 이러한 프로그램의 복합화 속에서 어떻게 전체적인 프로그램과 활동이 시너지를 이루며 활성화될 것인가의 긍정적인 방면을 숙고한다. 부정적인 측면이 있는 것은 있는 그대로 인정하면서 동시에 긍정적인 측면을 더욱 부각시킬 수 있는 것에 집중하고 있다. 오늘날 복합화되는 건축에 있어서 렘 콜하스의 태도는 선과 악 혹은 양과 음의 공존을 인정하고 그것들의 흔적들을 따라가며 순환하는 프로그램의 배치를 고민하는 방식으로 나타난다. 다만, 그러한 방식에서 동북아 사유에서 필요한 것은 바로 자연(세계)이다. 모든 순환은 결국 자연의 순환과 기의 순환 그리고 자연의 운행과 그 공간을 사용하는 사람들이 일체화되며 하나가 되고자 하는 바램과 수행자세와 일체화가 되어야 한다.

오늘날 건축과 도시설계의 많은 부분은 이러한 프로그램과 사회적 해석의 문제, 그리고 복합화의 방식의 문제로 귀결되는 경우가 많다. 우리는 선과 악의 대립적인 요소, 양과 음의 대립적인 요소들이 공존함을 인정해야 한다. 또 인간의 심리를 함께 파악하여 기존의 기능 중심의 프로그램, 공간 배치가 아닌 양과 음의 흔적들을 끊임없이 오가는 순환이 필요하며 넘치지 않게 중용을 지키면서 자연과 일체화가 될 수 있는 방식을 좀 더 세밀하게 연구해야 한다. 그러한 방식이 실현될 때, 자발적 사용자의 공간, 긍정적인 회색의 공간, 자연과 일체화되는 무경계의 공간을 성취할 수 있을 것이다. 아울러, 동시대의 건축에 질서속의 다양함과 자유로움을 담을 수 있을 것이다.

0336 집과 나의 인격이 하나가 되고 그것이 곧 자연의 법칙에 순응하며 하나로서 인식되는 체계를 지닌 건축을 동시대에 어떻게 성취할 수 있을 것인가 ?

조선 시대 사대부들은 집에 인격을 부여하여 당호를 짓는 것을 관례로 생각했고 그것은 그 선비와 가족의 지향점과 유교적 가풍 및 미적 감각을 드러내는 것이었다. 건축은 공간이기도 하지만 외부에 드러나는 표현이자 상징의 역할을 수행하기도 한다. 선비는 자신에 대한 엄격한 수양을 통해 자연의 운행의 도를 체득하고 도덕적 인격을 완성한 후, 그것을 세계 전체로 확대시켜 통치하게 된다면 그것을 바탕으로 도덕적 이상국가를 이룰 수 있다고 보았다. 이것은 자신의 도덕적 완성을 세계로 확대하는 것이고 순리대로 운행되는 세계(자연)와 일체가 되는 것으로 보았다. 따라서 자연과 하나가 되어 도덕적인 인격을 완성하는데 일상생활에서의 수행을 함께 하는 주거 건축은 자신의 뜻과 목표, 평상시의 인격 수양을 함께 하는 수행의 동반자로서 인식되었다. 따라서 자신의 수행을 위한 다짐이기도 하고 외부에 드러내는 선언이기도 했다. 그것은 단순히 글자를 적은 현판의 문제가 아니라 전체적으로 소박한 집이면서 동시에 품격과 멋이 깃들어 있는 공간이고자 했다. 집 그 자체는 그 집에서 수행하고 있는 선비와 수행 태도 그 자체를 상징하기 때문이다.

오늘날 유교의 강력한 이데올로기 체계가 와해된 자유 민주주의 국가의 체제 하에서 시민의 개념이 중심이 되는 사회가 이러한 건축을 추구할 수 있을까? 또 그것이 현시대와 어울릴 수 있을 것인가. 여전히 유교의 관념과 생활 태도 등이 남아 있지만, 그것을 강제하고 도덕적인 생활과 이상을 사회체계 내에 순응할 수 있도록 할 수 있을 것인가? 시대와 상황의 외적 변수들이 크게 변하였으므로 옛 문화의 이데올로기가 지속되기는 힘들 것이다. 그럼에도 불구하고 여전히 한국의 동시대 건축에서도 옛 선비정신과 풍류와 멋을 아는 사람들이 자신의 단독주택을 건축가에게 의뢰하여 집을 짓는 경우, 당호를 짓는 사례들이 여럿 있다. 그만큼 아직도 한국에는 높은 정신세계와 품격을 지니고자 하는 지식인 계층의 수

요가 존재한다고 볼 수 있다. 일반 시민들에게 그 정도의 생활 태도와 정신적 이상과 함께 수행을 통해 도덕적 완성을 함께 할 집을 건축해야 한다고 일괄적으로 주장할 수는 없겠지만, 그러한 것이 도덕적으로 윤리적으로 바람직한 것은 분명하다. 적어도 이러한 생활 태도와 자연과 하나가 되고자 하는 천인합일의 정신이 계속 계승되는 것은 바람직 한 것이다. 일반 시민들이 그것을 깨닫게 만들도록 하는 것과는 별도로 그러한 정신적, 실천적 노력을 권장하면서 동시에 자연과 일체가 될 수 있는 한국적 건축공간의 동시대적 변안과 발전을 위한 노력은 지속되어야 할 것이다. 또한 대도시 내의 인공적인 주변 환경도 나를 둘러싼 또 다른 하나의 자연으로 보고 최대한 자연을 도입하고 조화를 추구할 수 있는 동시대적 계획을 동시에 발전시켜 나가야 할 것이다. 주변환경과 조화를 이루면서 자연을 도입하고 기를 순환시키는 방법, 또 주변 환경이 열악하면 최대한 인공적인 자연을 도입할 수 있는 방법론, 조화를 충분히 이룰 수 있는 방법론을 추구해야 할 것이다.

조선시대 선비의 집과 같이 동시대의 집이 자연의 흐름과 리듬에 따라서 생활하고 가정의 도를 이루기에 적합하며 소박하고 정갈한 느낌으로 선비의 정신이 깃든 건축이 늘어난다면 그러한 정신에 관심을 가지게 되고 노력하는 사람들의 삶들이 늘어나게 될 수도 있지 않을까. 그렇게 하기 위해서는 되돌아가 천인합일을 이룰 수 있는 옛 한옥의 구축 정신을 현대적으로 번안하는 노력이 계속되어야 할 것이다. 사람이 본래 지니는 맑고 투명한 마음으로부터 성인이 출현하고, 이 성인의 가르침 때문에 악한 인간이 도덕적인 예치 사회를 만들 수 있게 도와주는 주거가 반드시 필요하게 될 것이다. 이를 위해 우리는 맑고 투명한 마음을 유지하고 이해하고 수행할 수 있도록 자연의 흐름을 느끼고 하나가 되게 하는 건축을 추구해야 할 것이다. 더 나아가 도덕적 이상 국가로 나아갈 수 있는 선조의 지혜가 담긴 집을 현대적으로 발전시키는 노력을 수행해야 할 것이다.

0337 탑다운의 건축과 보텀업의 조닝과 계획의 관계는 어떻게 이해해야 하며 자연의 순응(道)은 어떻게 이루어져야 하는가? 그리고 한국적 조화는 어떻게 이루어져야 할 것인가?

리 중심의 사유는 이치와 법칙 혹은 규칙을 중심으로 하여 외형과 운행을 전체적으로 관장하는 탑다운의 군대식 행정체계와 유사한 측면이 있다. 명확하게 계획을 세우고 난 이후 실행을 통해 이상적인 계획이 실현되는 것을 중요한 가치로 생각하는 것이다. 그러나 그것은 한 개인의 경우에는 가능할 수 있을지 모르지만 많은 수의 인원들이 모여있는 가운데 의사결정을 하고자 할 때에는 강압적인 방식으로 인해 여러 가지 문제가 발생할 여지가 있다. 보톰업 방식은 기 중심의 사유와 움직임이 어떻게 공동의제를 만들어나가면서 민의를 수렴하는가 하는 것, 곧 그것이 리가 발현되는 것으로 귀결되며, 이러한 과정은 귀중한 민주주의적 가치를 보여준다. 크리스토퍼 알렉산더의 구조주의적 관점의 건축 작업은 이러한 시각에 시사점을 던져준다. 전체적인 구조의 질서를 해치지 않는 가운데 불확정성이 최대한 확보될 수 있는 방안을 고려해보아야 할 것이다. 그것은 일정 부분 탑다운과 보텀업의 조화와도 관련이 있다. 양극단의 특성은 그 자체로 여러 가지 장단점이 존재한다. 장점과 단점을 취합하여 단점을 극복하고 장점을 더욱 강화할 수 있는 방법론을 발전시켜야 할 것이다.

진보와 보수의 논쟁과 같이 현대정치에서 극단적인 부분은 결국 쇠퇴하게 마련이다. 대신 어느쪽이 좀 더 먼저 중도 영역의 이슈를 선점하여 좀 더 중도에 가까운 쪽의 당파성을 획득하느냐가 관건으로 남는 경우가 많다. 그것은 이른바 기를 중심으로 하여 자연스럽게 리가 드러나는 것을 추구하는 방법론과 유사한 측면이 있다. 동시대의 한국인에게는 딜레마가 존재한다. 우리의 전통이라고 생각하는 전통문화와 동시대를 사는 코스모폴리탄으로서 문화 사이에서 느끼는 정체성의 문제이다. 이미 우리의 문화와 삶과 가치는 세계화된 외적 변수속에서 각종 문화, 물자, 기술이 실시간으로 유입되고 있는 가운데 빠르게 변화하고 있으며,

전통이라고 생각되는 것의 중요성과 가치가 빠르게 소멸되고 있는 것처럼 보이기 때문이다. 그러나 이러한 정체성의 혼란은 우리만의 문제가 아니라 유구한 전통을 바탕으로 하고 있는 유럽국가들도 유사하게 겪고 있는 문제이다. 한국에서 벌어지고 있는 최신 트렌드의 문화나 선도하는 문화 등의 예술 및 상업적 트렌드는 세계의 주목을 받고 있다. 일제의 식민 시기와 한국전쟁으로 많은 것이 단절되고 파괴되어 새롭게 시작하여 재건된 도시적 상황이기 때문에 역설적으로 한국은 일시에 들어온 많은 문화 요소들을 손쉽게 취사선택하여 새롭게 창조할 수 있는 '자유' 를 얻게 된 것이다. 이른바 문화원형(classic)에 대한 조합과 변형에 대한 터부시되는 문화에서 한국은 상대적으로 자유롭게 되었고, 이것은 한국문화에 있어서 매우 큰 특징이 되었고 장점으로 승화된 것이다.

또한 한국은 한국전쟁 이후 미국으로부터 많은 영향을 받으면서 자유와 상업적인 방식의 가치 생성에 익숙하게 되었다. 단절되어 자유로운 상황에서 기존 전통에 억눌리지 않고 자유롭게 조합하고 생성할 수 있는 분위기와 상업적 토대속에 시너지를 일으킬 수 있게 된 것이다. 한국의 문화콘텐츠가 세계적으로 경쟁력이 생기며 영향을 끼치게 된 것에는 치열한 자본주의 경쟁 구도의 사회분위기와 다양성을 껴안으며 자유롭게 재조합하고 브랜딩(branding)할 수 있는 힘에서 나온다고 할 수 있다. 거기에는 원형의 부담이 없으면서 소비자와 세계적 보편성의 니즈에 만족하는 상품성을 만드는데 있어서 매우 빠른 적응능력과 변용능력을 지닌 한국인의 장점이 발휘될 수 있는 영역에서 능력을 발휘하는 것이라고 할 수 있다.

실제로 한국은 지정학적 특성으로 인해 다양한 문화가 유입되기도 했고, 수많은 외침으로 인한 고난을 극복하면서 외적 변수에 발빠르게 적응해왔던 역사를 보여왔다. 국난 등의 전쟁 이후 빠르게 상황에 적응하여 재건하거나 새롭게 만들어나가는데 익숙한 것이다. 풍토적인 조건에서도 이러한 측면은 계속해서 발생된다. 한국인은 상대적으로 혹서와 혹한 등 뚜렷한 기후와 여름철 태풍 및 범람으로 인해 발빠르게 적응해야 생존할 수 있는 상황에 익숙하다. 또한 지형에 있어서도 7~80퍼센트의 산지 지형으로 인해 상대적으로 경사지의 악조건에서 좋은 대지를 찾아 다양한 외적 변수에 대응해야 하는 상황에서 주거를 확보하고 발전시켜야 했다. 시기별, 지역별 다양한 건축의 양태는 이러한 다양한 외적 변수에 발빠르게 대응하면서 선진기술을 접목하여 우리것화 하는 가운데 생성되었다. 마찬가지로 우리의 경우, 세계화된 상황에서 기술, 재료, 문화 등이 실시간으로 유입되면서 융합되는 것을 두려워하지 않는 가운데 한국 건축의 장점을 동시대적으로 번안하여 세계적으로 문화적, 기술적 우위에 있게 되는 방안을 마련해야 한다. 인류가 이룩한 건축문화의 장점은 적극적으로 취하면서 동시대적인 구축방식과 재료의 사용, 미적 특성을 그대로 이용하는 것이 바람직할 것이다. 그 가운데, 동북아 사유의 특성과 문화에서 나오는 근본적인 차이와 미덕의 일부라도 새로운 암시(implication)가 될 수 있는 방안으로 사용하여 동시대 건축을 새롭게 번안하여 만들어야 할 것이다. 그렇게 되면 그것이 새로운 한국적 감성을 품은 로컬의 동시대 건축이 될 것이고, 그것이 세계적인 보편성에도 부합하게 된다면 그것 자체로 세계적인 건축이 될 수 있을 것이다. 오늘날 유교적 가치는 시대착오적인 것으로 치부될 수 있지만, 성리학의 통합적 특성과 질서 속에서 다양성을 포용하고자 하는 문화를 창조적으로 계승하게 된다면 우리는 세계적인 보편성에 근거한 새로운 가치를 생성시킬 수 있을 것이며 새로운 건축적 아이덴티티 역시 확보할 수 있을 것이다.

참고문헌

국내 단행본

1. 건축, 도시 부문

- 강상중, 공간-아시아를 묻는다, 이강민 역, 한울, 2007
- 강영환, 아시아 건축기행-유토피아를 디자인하다, 한길사, 2019
- 강영환, 건축에 담긴 문화읽기(중국남방 건축기행), 울산대학교출판부, 2003
- 건축운동연구회, 건축운동 4 (한국근대건축개론), 대건사, 2004
- 건축세계 편집부, 중국고건축 세트[전10권], 건축세계, 2015
- 건축평단, 건축평단 2017.봄 - 통권9호, 반지역주의, 반세계주의, 건축평단, 2017
- 건축평단, 건축의 한국성, 정예씨, 2015
- 고유섭, 조선건축미술사 초고 (우현 고유섭 전집 6),열화당, 2010
- 고토 오사무, 일본 건축사, 김왕직, 조현정 역, 한국학술정보, 2011
- 국민대학교 건축대학, 통섭지도: 한국건축을 위한 아홉 개의 탐침, 공간사, 2007
- 권태문, 건축미학과의 만남, 대가, 2009
- 김개천, 명묵의 건축, 컬처그라퍼, 2011
- 김경표, 동양건축사, 보성각 2014
- 김도경, 지혜로 지은 집, 한국 건축, 현암사, 2011
- 김도수, 참 한옥 집 짓기-김 목수가 살림집 현장에서 쓴 이야기, 보리, 2015
- 김동욱, 한국건축 중국건축 일본건축-동아시아 속 우리 건축 이야기, 김영사, 2015
- 김동욱, 조선시대 건축의 이해, 서울대학교출판문화원, 2013
- 김동욱, 한국건축의 역사, 기문당, 2013
- 김봉렬, 김봉렬의 한국건축 이야기 1-시대를 담는 그릇, 돌베개 2006
- 김봉렬, 김봉렬의 한국건축 이야기 2 - 앎과 삶의 공간, 돌베개 2006
- 김봉렬, 김봉렬의 한국건축 이야기 3-이 땅에 새겨진 정신 돌베개, 2006
- 김성도, 근현대 문화재: 건축유산의 보존과 활용, 고려, 2012
- 김성도, 사진으로 풀어본 한일전통건축, 고려, 2012
- 김승제, 의상대사 구법 건축순례행기, 조계종출판사, 2018
- 김왕직, 조선후기 건축경제사, 한국학술정보, 2005
- 김왕직, 알기쉬운 한국건축 용어사전, 동녘, 2007
- 김인철, 공간열기, 동녘, 2011
- 김홍식, 민족건축론, 한길사, 1987
- 김홍식, 대동사회 건축론, 발언, 2016
- 노은주, 임형남, 집을 위한 인문학, 인물과 사상사, 2019
- 대한건축학회, 동양건축사도집(축학전서 11), 1995
- 대한건축학회, 동양건축사도집, 기문당, 1995
- 러우칭시, 중국의 고대건축, 한동수 역, 혜안 2004
- 리여성, 조선 건축 미술의 연구, 한국문화사, 1999
- 리화선, 조선건축사 3, 발언, 1993
- 리화선, 조선 건축사: 원시-근대편 (조선부문사 시리즈), 사회과학출판사, 2012
- 리화선, 조선건축사 2, 발언, 1993
- 무라타 겐이찌, 일본 전통 건축 기술의 이해, 임채현, 김철주 역, 한국학술정보 2009
- 민현식, 건축에게 시대를 묻다, 돌베개, |2006
- 박강철, 현대 건축의 전화, 조선대학교출판부, 1999
- 박윤준, 정승진, 아시아 건축의 이해, 서울하우스, 2010
- 박정해, 조선 유교건축의 풍수 미학: 서원과 향교 건축을 중심으로, 민속원, 2013
- 박정해, 풍수이야기, CIR, 2014
- 박시익, 한국의 풍수지리와 건축, 일빛, 1999
- 박언곤, 일본 건축사-건축읽기, 발언, 1994
- 박정해, 한국 유교건축에 담긴 풍수 이야기, CIR(씨아이알), 2014
- 박정해, 조선 유교건축의 풍수 미학-서원과 향교건축을 중심으로, 민속원, 2013
- 삼성문화재단, 땅의 깨달음 한국건축, Leeum, 2015, 프라니스코 사닌, 관계의 건축
- 새로운 한옥을 위한 건축인 모임, 한옥에 살어리랏

다, 돌베게, 2007
• 샤오모, 건축의 의경-동양과 서양의 건축은 어떻게 다른가, 박민호 역, 글항아리, 2019
• 서경원, 한국건축 속의 인문학, 도서출판 담디, 2016
• 세키노 타다시, 韓國의 建築과 藝術, 건축문화, 1990
• 손세관, 집의 시대: 시대를 빛낸 집합주택, 집(도서출판), 2019
• 스기야마 노부조, 일본조선비교건축사, 서동천 역, 세진사, 2017
• 신응수, 경복궁 근정전-무형문화재 대목장 신응수의 근정전 중수기, 현암사, 2005
• 신응수, 목수 - 나무를 다루다, 사람을 다루다, 열림원, 2005
• 신응수, 大木匠 신응수의 목조건축 기법_한국건축, 천년의 지혜를 전하다, 눌와, 2012
• 신영훈, 사원 건축, 대원사, 1989
• 안영배, 흐름과 더함의 공간, 다른세상, 2008
• 안창모 외, 한국의 근대건축, 북노마드, 2011
• 영건의궤 연구회, 영건의궤: 의궤에 기록된 조선시대 건축, 동녘, 2010
• 오인욱, 오인욱교수의 한국 근대건축 속의 공간디자인, 고성도서유통, 2012
• 왕수, 집을 짓다: 건축을 마주하는 태도, 아트북스,.2020
• 왕 치쥔, 중국 민가: 천년을 이어온 사람의 집, 박철만 역, 2016
• 옥한석, 풍수: 시간리듬의 과학: 고전적 풍수지리와 그의 현대적 재해석, 이지출판, 2017
• 윤장섭, 인도의 건축, 기문당, 2002
• 윤장섭, 불교건축(佛敎建築), 중국의 건축, 1999
• 유돈정, 중국고대건축사, 세진사, 2004
• 윤일주, 한국근대건축사연구, 기문당, 1988
• 윤장섭, 한국건축사, 동명사, 2008
• 윤장섭, 한국건축사론, 기문당, 1990
• 윤장섭, 한국의 건축, 서울대학교출판부, 2008
• 윤장섭, 중국 건축기행, 기문당, 2005
• 윤장섭, 인도의 건축, 서울대학교출판부, 2002
• 윤장섭, 일본의 건축, 서울대학교출판부, 2000
• 윤장섭, 중국의 건축, 서울대학교출판부, 1999
• 윤장섭, 한국의 건축, 서울대학교출판부, 2008
• 이강민, 도리구조와 서까래구조-동아시아 문명과 목조건축의 구조원리, 시공문화사, 2013
• 이강민, 한옥문화의 세계화을 위한 인문학적 가치 발굴 연구 3, auri(건축도시공간연구소), 2014
• 이강민, 현대 한옥기술의 변화와 전망, auri(건축도시공간연구소), 2014
• 이강민, 한옥활성화를 위한 신한옥 모델개발 연구 2, auri(건축도시공간연구소), 2013
• 이광노, 한국근대건축: 한국 근대건축 연구, 곰시, 2014
• 이상정, 한국 풍토건축의 멋, 경상대학교출판부, 2012
• 이상해, 궁궐 유교건축(한국 미의 재발견 12권), 솔, 2004
• 이상헌, 한국 건축의 정체성-서양 건축과의 차이를 통해 보다, 미메시스, 2017
• 이중우, 건축사상과 공간, 기문당, 2002
• 이희숙, 이슬람 건축의 동양과 서양, 이담북스, 2016
• 임기택, 후기구조주의와 건축이론, 시공문화사, 2016
• 임석재, 우리 옛 건축과 서양 건축의 만남, 대원사, 1999
• 임석재, 한국 전통건축과 동양사상, 북하우스, 2005
• 임석재, 절 건축에서 불교를 보다: 법주사, 일상성으로 체상용 삼대를 설하다, 나녹, 2019
• 임석재, 한국 현대건축의 지평 1, 인물과사상사, 2013
• 임석재, (예로 지은) 경복궁, 인물과사상사, 2015,
• 임석재, 지혜롭고 행복한 집 한옥, 인물과 사상사, 2013
• 자오광차오, 마젠충, 세상에서 가장 친절한 중국 건축 이야기, 이명화 역, 다빈치 2014
• 장경호, 한국의 전통건축, 문예출판사, 1992
• 장기인, 목조-한국건축대계 5, 보성각, 1998
• 장기인, 석조-한국건축대계 7, 보성각, 1997
• 장헌덕, 중국과 한국의 불교건축, 빛과글, 2005
• 전봉희 , 이규철, 서영희, 한국 근대도면의 원점, 서울대학교출판문화원, 2012

- 전봉희, 3칸×3칸-한국건축의 유형학적 접근, 서울대학교출판부, 2006
- 전봉희, 나무, 돌, 그리고 한국건축문명, 21세기 북스, 2021
- 정연상, 한국 전통 목조건축의 결구법 맞춤과 이음, 고려(도서출판), 2010
- 정영철, 한국건축의 흐름, CIR(씨아이알), 2016
- 주남철, 한국건축의장-한국문화예술대계 1, 일지사, 1979
- 주진형, 최형순, 한국 건축 공간 디자인, 구미서관, 2015
- 중국 근대건축 1, 한동수 역, 발언, 1994
- 중국 근대건축 2, 한동수 역, 발언, 1994
- 최부득, 건축가가 찾아간 중국정원: 강남 원림건축 26곳, 미술문화, 2008
- 최우용, 일본 건축의 발견-일본 건축은 어떻게 세계건축계의 주류가 되었는가, 궁리 2019
- 최종현, 옛 사람의 발길을 따라가는 우리 건축 답사 1, 현실과문화, 2010
- 최종현, 옛 사람의 발길을 따라가는 우리 건축 답사 2, 현실과문화, 2010
- 최창조, 땅의 논리, 인간의 논리, 민음사, 2000
- 퍼트리샤 아이헨바움 카레츠키, 불교 예술과 건축, 박선영 역, 시그마북스, 2016
- 프리미어 편집부, 한국의 전통사찰, 우리 전통건축의 모습-프리미어, 2018
- 쿠마 켄고, 쿠마 켄고, 건축을 말하다. 작고, 낮고, 느리게, 이정환 역, 나무생각, 2020
- 쿠마 켄고, 임태희 역, 약한 건축, 안그라픽스, 2010
- 쿠마 켄고, 임태희 역, 작은 건축, 안그라픽스, 2014
- 쿠마 켄고, 임태희 역, 자연스러운 건축, 안그라픽스, 2010
- 쿠마 켄고, 점, 선, 면, 송태욱 역, 안그라픽스, 2021
- 한국건축역사학회 , 한국건축답사수첩, 동녘, 2008
- 한국건축역사학회, 한국 건축사연구 1_분야와 시대, 발언, 2003
- 한국건축역사학회, 한국 건축사연구 2 이론과 쟁점, 발언, 2003
- 한국건축역사학회 집필진, 한옥 설계의 원리와 실무, 국토교통부, 2014
- 한동수, 중국고건축 · 원림감상입문, 세진사, 1997
- 함성호, 철학으로 읽는 옛집: 조선의 성리학자들은 왜 건축에 중독되었는가, 열림원, 2011
- 황두진, 당신의 서울은 어디입니까?- 서울을 다시 짓는 건축가, 황두진의 나의 도시 이야기, 해, 2005
- 황두진, 가장 도시적인 삶 - 무지개떡 건축 탐사 프로젝트, 반비, 2017
- 황두진, 한옥이 돌아왔다 : 건축가 황두진의 한옥 짓기, 공간사, 2006
- 허균, 한국 전통 건축 장식의 비밀, 대원사, 2013
- 후지시마 가이지로, 한의 건축문화 나의 연구 60년, 곰시, 2011
- 히사오 코야마, 건축의장 12강, 김광현 역, 도서출판 국제, 2008
- Amos Ih Tiao Chang, 건축공간과 노자사상, 윤장섭 역, 기문당, 1984

2. 철학 부문

- 강성률, 청소년을 위한 동양철학사-한권으로 끝내는 동양철학 이야기, 평단, 2009
- 강상중, 오리엔탈리즘을 넘어서, 이경덕, 임성모 역, 이산, 1997
- 강신주, 강신주의 노자 혹은 장자-노자의 길과 장자의 길 사이에서, 오월의봄, 2014
- 강신주, 철학 VS 철학 - 동서양 철학의 모든 것, 오월의봄, 2016
- 강신주, 장자 & 노자: 道에 딴지걸기, 김영사, 2013
- 길희성, 인도 철학사, 소나무, 2019
- 권일찬, 주역학 개론, 한국학술정보, 2012
- 금장태, 聖學十圖와 퇴계철학의 구조, 서울대학교출판부, 2001
- 김용헌, 조선성리학, 지식권력의 탄생, 프로네시스, 2010
- 김형효, 철학나그네, 소나무, 2010
- 김형효, 마음나그네, 소나무, 2010
- 김형효, 사유나그네, 소나무, 2010
- 나카지마 다카히로, 저, 조영렬 역, 장자, 닭이 되어 때를 알려라, 글항아리, 2010
- 노스코트 파킨슨, 동양과 서양, 안정효 역, 김영사, 2011

- 라다크리슈난, 인도철학사 1, 이거룡 역, 한길사, 1996
- 뤼스 이리가라이, 동양과 서양 사이-개인으로부터 공동체로, 동문선, 2000
- 리쩌허우, 중국고대사상사론, 정병석 역, 한길사, 2005
- 리쩌허우, 중국근대사상사론, 임춘성 역, 한길사, 2005
- 리쩌허우, 중국현대사상사론, 김형종 역, 한길사 2005
- 리처드 곰브리치, 곰브리치의 불교 강의, 송남주 역, 불광출판사, 2018
- 리처드 니스벳, 생각의 지도-동양과 서양, 세상을 바라보는 서로 다른 시선, 최인철 역, 김영사, 2004
- 마르셀 그라네, 중국사유, 유병태 역, 한길사 2015
- 모리 미키사부로, 저, 노장과 불교, 법장관, 1986
- 박성배, 한국사상과 불교 : 원효와 퇴계, 그리고 돈점논쟁, 혜안, 2009
- 박동환, 서양의 논리 동양의 마음, 사월의책, 2017
- 박우찬, 박종용, 동양의 눈 서양의 눈, 재원, 2016
- 북경대학교철학과연구실, 중국 철학사 1, 박원재 역, 간디서원, 2005
- 서행정, 인도철학 이야기, 한국외국어대학교출판부 지식출판원(HUINE), 2013
- 세계사상연구회, 간단 명쾌한 동양사상, 이소담역, 시그마북스, 2010
- 스피노자, 에티카, 강영계 역, 2008
- 신정근, 철학사의 전환, 글항아리, 2012
- 에드워드 W. 사이드, 오리엔탈리즘, 박홍규 역, 교보문고, 2015
- 오태석, 시공간의 인문학, 역락, 2021
- 유종근, 한국풍수의 원리, 동학사, 1997
- 윤홍식, 마음챙김의 지혜100, 봉황동래, 2006
- 윤홍식, 수심결강의, 봉황동래, 2007
- 이기동, 주역, 동아출판사, 1994
- 이동건, 조선시대의 성학십도 聖學十圖 유포 · 확산에 대한 연구, 인문사, 2014
- 이병욱, 인도철학사, 운주사, 2004
- 이승환, 김용석, 서양과 동양이 127일간 e-mail을 주고받다, 휴머니스트, 2001
- 이안 부루마, 아비샤이 마갈릿, 옥시덴탈리즘 - 반서양주의의 기원을 찾아서,송충기 역, 민음, 2007
- 이정우, 세계철학사 1-지중해세계의 철학, 길, 2018,
- 이정우, 세계철학사 2-아시아세계의 철학, 길, 2018
- 이지수, 인도 불교철학의 원전적 연구, 여래, 2014
- 이승종, 동아시아 사유로부터 : 시공을 관통하는 철학자들의 대화, 동녘, 2018
- 이시이 코세이, 동아시아 불교사, 최연식 역, CIR, 2020
- 이율곡, 율곡전서 제 10권 답성호원答成浩源
- 이율곡, 율곡전서 율곡전서 제 9권 답박화숙答朴和叔
- 이진경, 불교를 철학하다 : 21세기 불교를 위한 하나의 초상, 휴, 2016
- 오태석, 노장선역, 동아시아 근원사유, 역락, 2017
- 장영훈, 생활풍수강론, 기문당, 2000
- 장왕식, 동양과 서양, 종교철학에서 만나다, 동연(와이미디어), 2016
- 정대현, 한국 현대 철학 : 그 주제적 지형도, 이화여자대학교출판문화원, 2016
- 정재서, 한국 도교의 기원과 역사, 이화여자대학교출판문화원, 2006
- 질 들뢰즈, 차이와 반복, 김상환 역, 민음사, 2004
- 최영진, 한국철학사, 새문사, 2009
- 최진석, 생각하는 힘, 노자 인문학, 위즈덤하우스, 2015
- 최창조, 한국의 풍수사상, 민음사, 1984
- 펑유란, 중국철학사_상, 하, 박성규 역, 까치, 1999
- 펑유란, 간명한 중국철학사, 정인재 역, 마루비, 2018
- 폴 A. 코헨, 학문의 제국주의-오리엔탈리즘과 중국사, 이남희 역, 순천향대학교출판부, 2013
- 틸만 호이트, 주희의 사유세계, 김변환 역, 교육과학사, 2010
- 한스 요아힘 슈퇴리히, 세계 철학사, 박민수 역, 자음과모음(이룸), 2008
- 한자경, 불교철학의 전개, 인도에서 한국까지, 예문서원, 2003
- 한자경, 마음은 이미 마음을 알고 있다: 공적영지, 김영사, 2018
- 한자경, 한국철학의 맥, 이화여대출판부, 2008

- 한자경, 대승기신론 강해, 불광출판사, 2013
- 한자경, 선종영가집 강해, 불광출판사, 2016
- 한자경, 성유식론 강해, 서광사, 2019
- 한중수, 사주학 대강의, 동반인, 2004

3. 예술 부문
- 강희정, 구하원, 조인수, 클릭, 아시아미술사-선사 토기에서 현대미술까지, 예경, 2015
- 구노 미키 중국의 불교미술, 최성은 역, 시공사, 2001
- 레지스 드브레, 정진국 역, 이미지의 삶과 죽음, 글항아리, 2011
- 마츠바라 사브로 동양미술사, 예경, 1998
- 무동금강, 밀교 만다라의 서: 비밀 법장의 세계, 김양수 역, 맑은샘, 2020
- 바이하원, 불교미술 입문을 위한 중국사원 문화기행, 배진달 역, 예경, 2001
- 아놀드 하우저, 문학과 예술의 사회사, 백낙청 역, 창작과 비평사, 1974
- 자현 스님, 사찰의 상징세계. 上, 돌베개, 2012
- 자현 스님, 사찰의 상징세계. 下, 돌베개, 2012
- 홍윤식, 만다라, 대원사, 1992

외국단행본
- Arata Isozaki, Japan-ness, The MIT Press, 2006
- Agger, Ben, Cultural Studies as Critical Theory, London: Falmer Press, 1992
- Botond Bognar, Material Immaterial, Princeton Architectural Press, 2009
- The Japan Architects JA 109, Shinkenchiku-sa, 2018
- Balmond, Cecil, Element, 2007
- Norberg-Schulz, Christian, "Kahn, Heidegger and the Language of Architectre,"Oppositions, no 18(Fall, 1979)
- Norberg-Schulz, Christian, Intentions in Architecture, Cambridge, Mass, The M.I.T Press, 1992

국내 학위논문
- 이영수, 건축구성형식의 변화와 특성에 관한 연구, 홍익대 박론, 1992
- 박항섭, 한국 현대건축의 양태와 표현특성에 관한 연구, 홍익대 박론, 1997
- 이재원, 쿠마 켄고의 건축구축방법론에서 소멸성에 관한 연구, 부경대학교 건축학과, 2019

학회 논문
- 김규순, 고대 풍수지리학에 대한 도가사상 고찰, 한국민족문화 (60), 2016.8, 181-201
- 김재식, 안영배, 전남 승주군 조계산의 선암사의 택지에 관한 연구, 대한건축학회 논문집 11(6), 1995.6, 81-88
- 김봉렬, 한국과 일본의 가람배치계획 비교연구, 대한건축학회 논문집, 1988, 8
- 김봉렬, 박종진, 고려 가람의 구성형식에 관한 기초적 연구, 대한건축학회 논문집 5(6), 1989.12, 27-35
- 임충신, 최일, 김봉열, 교의적 해석을 통해 본 조선 사찰의 전각 구성, 대한건축학회 논문집 4(4), 1988.8, 25-36
- 김봉렬, 이광노, 극락정토 신앙과 정토계 사찰의 가람구조, 대한건축학회 논문집 4(4), 1988.8, 63-71
- 김봉렬, 근세기 불교사찰의 건축계획과 구성요소 연구, 건축역사연구, 제4권 2호 통권8호 1995. 12
- 김봉열, 조선왕실 원당사찰건축의 구성형식, 대한건축학회 논문집 12(7), 1996.7, 97-105
- 김봉렬, 한국과 일본의 가람배치계획 비교연구, 건축사
- 김봉렬, 화엄사 사찰중심의 중심 개념, 대한건축학회 학술발표대회 논문집-계획계 8(2), 1988.10, 219-222
- 김봉렬, 이광노, 극락정토 신앙과 정토계 사찰의 가람구조, 대한건축학회 논문집 4(4), 1988.8, 63-71
- 김봉렬, 전통주택 선교장의 건축이론과 계획개념 연구, 건축역사연구 제7권 1호 14호 1998.3
- 김봉렬,, 현대 도시사찰의 건축계획과 구성요소에 관한 연구, 대한건축학회 논문집 11(4), 1995.4, 109-118
- 김성우, 건축에서의 근대적 오류와 전통적 대안,

한국인문사회과학회, 현상과인식 21(1), 1997.4, 29-51

• 김성우, 김홍주, 18세기 사찰 주불전의 건축적 특성, 대한건축학회 논문집-계획계 17(6), 2001.6, 83-90

• 김성우, 建築場 구성 체계와 해인사 건축장 고찰, 대한건축학회 논문집-계획계 23(1), 2007.1, 73-80

• 김성우, 동아시아 불사의 최초 형식, 대한건축학회 논문집 3(3), 1987.6, 105-113

• 김성우, 물리학적 장 개념을 도입한 건축장 이론의 구축과 적용가능성, 대한건축학회 논문집-계획계 21(5), 2005.5, 107-114

• 김성우, 분황사지와 7세기 불교건축의 전개, 대한건축학회 논문집 12(1), 1996.1, 125-135

• 김성우, 정인종, 선암사 육방건축의 형식과 성격, 대한건축학회 논문집 13(10), 1997.10, 149-160

• 김성우, 아시아 시대, 아시아 건축의 의미, 건축 57(11), 2013.11, 6-7

• 김성우, 한국 풍수에 대한 인식의 변화, 민족사상 8(3), 2014.10, 139-169

• 도용호, 이재헌, 유학사상의 사유체계에 의한 향교.서원건축의 공간구성에 관한 연구, 대한건축학회 논문집 11(8), 1995.8, 95-106

• 도용호, 유학적 생활규범에 의한 조선시대 주거건축의 공간구성에 관한 연구, 대한건축학회 논문집 14(1), 1998.1, 169-178

• 도용호, 이재헌, 유학적 질서규범에 의한 향교건축의 배치에 관한 연구, 대한건축학회 논문집 11(7), 1995.7, 77-89

• 도용호, 이세호, 이재헌, 향교.서원건축의 입지환경에 관한 연구, 대한건축학회 학술발표대회 논문집-계획계 6(2), 1986.10, 91-94

• 박성대, 지종학, 회재 이언적 유적지의 풍수적 특성, 한국민족문화 , (77), 2020.11, 405-436

• 석준호, 김성우, 고려시대 불교건축의 경향과 성격, 대한건축학회 논문집-계획계 32(7), 2016.7, 75-84

• 성인수, 동양의 입체오행사상을 통하여 본 세계관과 건축공간 배치에 관한 가설, 건축 27(4), 1983.8, 44-53

• 안영배, 금산사 건축공간의 시각적 분석, 대한건축학회 논문집 9(5), 1993.5, 37-44

• 안영배, 시지각적 분석에 의한 금산사 가람배치에 관한 고찰, 대한건축학회 논문집 8(3), 1992.3, 71-78

• 안영배, 통도사 가람배치에 관한 연구 - 외도공간의 구성을 중심으로, 건축 25(1), 1981.2, 3-7

• 안영배, 화엄사 건축공간의 시각적 분석, 대한건축학회 논문집 2(3), 1986.6, 49-55

• 이명선, 김봉렬, 임충신, 강릉 선교장의 변화과정에 관한 연구, 대한건축학회 학술발표대회 논문집-계획계 17(2), 1997.10, 329-335

• 이왕기, 한국 유교건축의 경의 공간 에 관한 연구, 대한건축학회 논문집 2(5), 1986.10, 37-48

• 이용범, 천득염, 임영배, '경' 으로 본 정자건축의 장소성에 관한 연구, 대한건축학회 논문집 10(6), 1994.6, 89-99

• 이정국, 박광규, 이해성, 조선시대 향교건축의 배치와 공간구성에 관한 연구, 대한건축학회 논문집 6(5), 1990.10, 29-36

• 이웅희, 이중우, 동양사상의 중심성을 통하여 본 전통주거의 마당공간에 관한 연구, 대한건축학회 논문집 11(5), 1995.5, 59-70

• 이인희, 이중우, 건축공간의 총상적 해석에 관한 연구, 대한건축학회 논문집-계획계 14(6), 1998.6, 3-12

• 이인희, 이중우, 체용사상의 건축적해석과 적용에 관한 연구, 대한건축학회 논문집 11(11), 1995.11, 69-77

• 이중우, 한국 전통건축의 생태미학과 그 현대적 변용, 한국학연구원 학술대회, 2010.10, 237-253

• 이중우, 현대 건축이론의 동향과 해석에 관한 연구, 대한건축학회 논문집 4(6), 1988.12, 33-40

• 이현병, 김성우, 형국이 서남향을 향하는 전통마을에서 주택의 방위적 특성, 韓國農村建築學會論文集 제11권 3호 통권34호 2009. 8

• 이현병, 김성우, 北向形局의 安東 臨河마을에서 주택의 方位的 특성, 대한건축학회 학술발표대회 논문집-계획계 28(1), 2008.10, 309-312

• 전봉희, 한옥의 유형과 신한옥의 지향점, 건축 57(4), 2013.4, 58-61

• 전봉희,한국건축에 적용된 축(軸) 개념의 다의성과

한계, 대한건축학회 학술발표대회 논문집 34(2), 2014.10, 229-230
- 전봉희, 한옥의 유형과 신한옥의 지향점, 건축 57(4), 2013.4, 58-61
- 전봉희, 전남지역의 모정건축에 관한 연구, 대한건축학회 논문집 10(5), 1994.5, 69-78
- 전해주, 김동진, 일본 현대건축의 생성적 공간구현 특성, 한국실내디자인학회논문집 제23권 4호 통권 105호, 2014
- 정승안, 범어사의 건축공간에 대한 주역사회학적 분석, 한국학논집 51, 2013.6, 357-384
- 조성호, 김성우, 한옥형 공공건축물의 계획유형과 디자인 특성, 한국주거학회논문집 25(4), 2014.8, 101-110
- 조은경, 박언곤, 고대 동아시아 불탑 구조체계를 통해 본 미륵사지석탑, 건축역사연구, 제20권 5호 통권78호 2011.10
- 홍병화, 김성우, 조선시대 寺刹門樓 건축형식의 변화과정에 대한 연구, 대한건축학회 논문집 - 계획계 25(11), 2009.11, 197-208
- 홍성수, 한국 전통건축과 동양사상, 건축 49(2), 2005.3, 98-99
- 황호진, 박언곤, 현대 도시 사찰의 공간구성에 관한 연구, 대한건축학회 학술발표대회 논문집-계획계 20(1), 2000.4, 163-166

잡지

- 김봉렬, 20세기 한국건축의 유산과 교훈, 건축사, 99년 1월호
- 김봉열, 대한건축사협회, 건축사, 180호 1984
- 김봉렬, 심광현, [대담] 한국문화의 정체성을 말하다, 문화과학 , 문화과학사 2005.06, 296-317

동북아 사유와 건축이론 시리즈 3
Thinking and Architectural Theory in Northeast Asia

마음의 도덕정치철학과 한국건축의 복합

1판 1쇄 2023년 1월 5일

저자 임기택(ktarchitect@pknu.ac.kr)

발행인. 김기현
발행처. 시공문화사(Spacetime)
디자인. Design Battery

등록. 1993년 3월 12일
주소. 서울시 서대문구 독립문공원길 13 극동프라자 5층(03733)
전화. 02)3147-1212, 2323
전송. 02)3147-2626

www.spacetime.co.kr, spacetime@korea.com
ISBN 978-89-5592-464-0 93540

정가 10,000원